我的
健康瘦
生活

〔美〕孙 博（Sunny _ Kreglo）◎著

U0217279

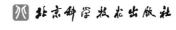

北京科学技术出版社

著作权合同登记号　图字：01-2022-4650

图书在版编目（CIP）数据

我的健康瘦生活 /（美）孙博著 . —北京：北京科学技术出版社，2022.9
ISBN 978-7-5714-2362-9

Ⅰ . ①我…　Ⅱ . ①孙…　Ⅲ . ①减肥—食谱　Ⅳ . ① TS972.161

中国版本图书馆 CIP 数据核字（2022）第 100716 号

策划编辑：宋　晶
责任编辑：白　林
责任印制：张　良
出 版 人：曾庆宇
出版发行：北京科学技术出版社
社　　址：北京西直门南大街 16 号
邮政编码：100035
电话传真：0086-10-66135495（总编室）
　　　　　0086-10-66113227（发行部）
网　　址：www.bkydw.cn
印　　刷：北京博海升彩色印刷有限公司
开　　本：720 mm × 1000 mm　1/16
字　　数：262 千字
印　　张：15
版　　次：2022 年 9 月第 1 版
印　　次：2022 年 9 月第 1 次印刷
ISBN 978-7-5714-2362-9

定　　价：68.00 元

概 述

▶虽然人与人之间存在很大的个体差异，但是能将健美的身材保持 5 年以上且身体非常健康的人都存在一些共性。因此，本书将带领你探索能实现并保持健康的饮食秘密。

能减脂成功并常年保持身材的人，一定不是只依靠食用或拒食某种食物。他们最大的共性是摒弃减脂前不良的生活习惯，改变个人生活方式。

通过提炼与总结多位网友的经历以及个人的经验，我发现若想健康、安全、长期且稳定地保持身材，总离不开一个公式：

健康瘦 = 健康饮食 + 良好生活习惯 + 合理运动 + 好心态。

本公式的具体含义在我的另一本讲解健康瘦的理论的书中有详细介绍。

现在，我想先请你做一件事，即挖掘自己减脂的动机或初衷。众所周知，即使人们表面上在做相同的事情，只要背后的行为动机有所不同，最后的结果也会大相径庭。因此，我希望你在开始行动之前进行思考：你减脂的动机是对自己身材的讨厌和恨，还是理解和爱？如果你讨厌自己的粗腿和肚子上的赘肉，每当看见自己的身体就陷入深深的沮丧，那么你减肥的动机很可能是不喜欢且不愿接受自己现在的样子，想要为自己塑造更理想的身材。

但是，如果让厌恶身材的情绪成为行为的主导，人们有时会做出冲动和激进的行为。例如，你可能开始讨厌饱腹感，会在用餐后懊悔不已，并发誓明天不再进食；你可能未经调查研究就采取"让某人在几天内瘦了若干千克"的减脂方法，从而在无形中养成狭隘、片面的思维方式，最终导致减脂失败。实际上，许多减脂方法都只是短期有效，但效果无法持续。你不应对食物和身体怀着抗拒的态度，使精神过度紧绷，也不应认为减脂的最终目的是实现对身体的绝对控制，即饮食和运动都必须处于想象中的完美状态。

由自卑感、羞耻感、恐惧感和好胜心产生的力量虽然是一种能让人改变的强大力量，但我更愿将其称为"黑暗力量"，即它的底色是黑暗的。这股"黑暗力量"会使人无视或忽略正确的减脂方法，从而变得盲目，变得谨小慎微，唯恐不能成为理想中的自己。如果你是格外自律且意志力很强的人，这股"黑暗力量"也许在早期会让你如愿以偿地变瘦，但最终会愈加扭曲你的认知，使你走向毁灭自己的道路。而且，这股"黑暗力量"

越强，你的行为越自律，对自己的毁灭性就越大。例如，有些人在变瘦后陷入了常年饮食失调并罹患抑郁症的困境，更有甚者因此结束了自己的生命。

那么，让减脂从爱出发会是什么样子呢？首先，爱能让你无条件地接受自己原本的身材，并相信自己的身材可以变得更好，其底色是明亮的。

你对自己的满意程度越高，体验到的消极情绪就越少。减脂是为了提高自己的生活质量，使饮食更加健康，从而充分摄取食物中的营养成分来滋养身体，而不是用精致的健康餐寻求暂时的优越感，以拥有别人眼中的优秀身材。正确的认知会让你拥有面对挫折的能力，即在受挫时只关注问题本身，而不会否定自我价值，最终在挫折中得到成长。

其实，因节食导致饮食失调的人通常都拥有很多优点，例如行动力、意志力和忍耐力较强，对事物的要求较高，做事倾向于尽善尽美，对细节更加敏感，执着且勤奋等。但是，他们对自己的"恨"让这些特质产生了负面影响，反而使之成为伤害自己的武器，有些人甚至在受到伤害后也不愿停下脚步，在错误的路上走得越来越远。

反之，从爱自己出发，这些特质最终会帮助他们成长为更好的自己。希望你不会被对自己的恨和其他负面情绪所裹挟，而是在对自己的爱中更好地成长、快乐地生活，不再活在恐惧里。

在明确了减脂的动机后，还需探寻减脂的本质。目前流行的减脂饮食法大部分是初期的减重效果好，但由于减少的多为人体内的水分，因此人很快会到达减脂平台期，且无法长期保持减重效果。因此，你应致力于探寻事情的本质，否则只能在发现"苹果减脂法"不管用后改用"土豆减脂法"，一辈子在各种减脂法中盲目循环。请你回想，以前数次减脂失败的根本原因无外乎是前期无论用何种饮食方式瘦下来，后期都无法继续长期坚持这一饮食方式。

如果你的目标不是拥有昙花一现的美丽，而是长期保持健康的身材，那就要找到一种不痛苦的、可持续的减脂方法。实际上，进食是人的本能，没有人能长期节食或禁食，就像人不可能一辈子靠毅力不睡觉或不如厕一样。

人具有社会性，因此在实际生活中设置过多的饮食禁忌并不现实，总会有"破戒"的那一天。很多人在"破戒"后干脆破罐破摔，又重新采用原有的饮食方式。所以，可持续的减脂方法之一就是使饮食变得灵活、不给自己设限，将饮食原则从"我绝对不能食用某种食物"转变为"我什么食物都能食用，只要注意总量就好"。

总之，"食用某种减脂餐"这种单一的直线性减脂方法并不能实现健康瘦，这也是我专门在另一本书中单独讲解减脂原理的原因。我不希望你仍旧把本书中的食谱当作普通的"减脂餐食谱"，并在浅尝辄止后继续保持旧的生活习惯。

本书中的食谱以减脂为主要目的，但我要强调的前提是，没有任何一本减脂食谱可以保证你实现长期的健康瘦。这个世界上不存在绝对有效的减脂食材、减脂餐和减脂饮食法，每个在减脂成功后能常年保持理想身材的人，无不在遵循健康瘦的基本公式：健康瘦＝健康饮食＋良好生活习惯＋合理运动＋好心态。

具体到个人，减脂过程还需注意各种影响因素，如文化、社会、经济和个人习惯等。你需要逐渐找到自己在减脂路上的优势和劣势，摸索出适合自己的减脂方法，慢慢改善整体的生活方式，尤其是饮食方式。

你要对减脂饮食形成清晰的认识，以做出更加准确的判断。下面，我将从纵向和横向两个角度剖析减脂饮食。

纵向：减脂饮食的进度阶梯

我认为健康瘦饮食需要满足以下4点：营养充足、让人饱但不撑、让人用餐开心和个性选择。营养部分涉及8个要素：碳水化合物、脂肪、蛋白质、膳食纤维、维生素、矿物质、水和咖啡因。本书中的食谱围绕前6个要素展开，水和咖啡因不包括在内。

其中，碳水化合物、脂肪和蛋白质合称三大产能营养素。通俗地讲，食物中含有各种营养素，进入人体后能产生能量以维持人的生命和日常活动的营养素即为产能营养素。

对人体而言，三大产能营养素缺一不可。它们既能独立地工作，又会相互影响、相互制约，某一种营养素过少或过多都会对其他两种营养素产生影响，所以人体对三大产能营养素的摄取应有合适的比例。本书将用单独的章节分别介绍每种营养素的作用、特点和相应的食谱。注意，没有"完美"的食谱可以符合所有人的需要，所以本书中的食谱会教给你灵活调整的方法。

我总结了一个减脂饮食的进度阶梯，它概括了减脂新手在每个饮食阶段的特点。同时，这也是减脂饮食的合理发展顺序。跳级的结果通常是很快遇到减脂的平台期，被伤病或不可控制的旺盛食欲"打回原形"。

第一阶段：平衡

平衡指维持能量和营养素的摄取量与需求量的基本平衡，人逐渐养成规律的饮食、运动和作息习惯。平衡对于减脂非常重要，但很少有人在减脂时把平衡当作重点，更多人只希望"减得越快越好"。如果没有搞清楚自身能量和营养素的摄取量与需求量的平衡状态是什么，那么采取各种减脂方法只会让身体的状态越来越差。

这时，你还不需要把每一餐都做到"完美"，也不用考虑太多运动前后的用餐细节，只需维持能量和营养素的摄取量与需求量的基本平衡，找到一种稳定且舒适的饮食状态即可。

如果你在未维持好能量和营养素的摄取量与需求量的基本平衡时就急着跳到下一步，不仅无法产生更好的效果，最终还需重返第一阶段，重修基本功。

如果你已经能维持好能量和营养素的摄取量与需求量的基本平衡，那么你就能体会到自己由内而外的变化，不会再因过节、出差或旅游而忽胖忽瘦。

正确感知饥饱也是一种能力，但这种能力不是天生的，大部分人在未专门学习之前，其实一直处于"身心失联"的状态，即缺乏自我感知能力，如分不清嘴馋和饥饿的区别，分不清吃饱和吃撑的区别。此外，女性还需额外观察自己在整个生理期中的食欲、体力、情绪、体重和睡眠的变化规律。本书中介绍的原理和食谱都是围绕第一阶段展开，后面的三个阶段不属于本书的内容范围，只在此做简单说明。

第二阶段：增强

在打好基础后，即你已能维持能量和营养素的摄取量与需求量的基本平衡，且自我感知能力有所提高，你就可以开始细化全天的配餐和运动前后的饮食计划，进一步掌握每餐的能量摄取和营养搭配。

第三阶段：个性化

能做好全天的配餐后，你就可以开始考虑个性化的饮食调整。这时，你可以进行能量计算的练习，目的是学会对配餐进行灵活调节。灵活调节的基础是稳定，如果没有固定的参考值，就成了随机调节，无法确定调节方法是否能起作用。所以，我一直强调第一阶段的学习非常重要，它将为以后的发展

阶段铺路。此外，如果你没有较高的身材目标，则并非必须经历第三阶段。完成前两个阶段后，你的身体健康状况已经高于人均水平了。

第四阶段：专项

一般而言，运动发烧友、运动员和有比赛需要的人群可进入此阶段。他们需要有一定的营养知识，有健康饮食的实践经历，熟悉自身对能量变化和饮食变化的反应，并最好有专业人员的指导，以采取探索性的特殊饮食法，如生酮饮食法、低碳饮食法和间歇性禁食法等。一般人并非必须进入此阶段，能长期保持前三个阶段已非常不易。

小结

常见的问题是，有些减脂新手头脑一热，会在尚未达到第一阶段时，直接跳到第四阶段。如果及时放弃还可止损，就怕意志力"太强"，靠着一股狠劲在第四阶段咬牙坚持，最后导致健康问题。当然，新手最大的问题是不知道自己目前的方法是否正确，因此我提供以下参考，来帮助新手判断自己是否处于健康瘦的正确道路上。

一个好的减脂计划应该以正确的理论框架为基础，并具有较强的可操作性，能使人在完成减脂目标后更加健康和自信，生理和心理的状态都能得到提升，生活质量也有所提高，人能更好地面对日常生活中的各种挑战，即体力提高、干劲增加、充满朝气、保持乐观。

不要过于关注体重一时的升降，因为当

你开始运动和健康饮食后，体重也许不会立刻下降，反而更有可能暂时上升。在遇到这种情况时，请别轻易沮丧或急于否定自己的努力，可以观察身体是否发生如下变化。

◇畏寒→不再畏寒。

◇手脚冰凉→手脚温暖。

◇胃口差→胃口好。

◇饭后不适→饭后舒适。

◇脸色苍白、蜡黄→脸色红润。

◇经血不畅→经血顺畅。

◇多愁善感、情绪善变→积极乐观、理智沉稳。

◇下肢易水肿→下肢不易水肿。

◇起床困难→起床轻松。

◇走路时身体沉重→走路时身体轻盈。

◇头发干枯→头发柔顺。

◇皮肤长痘→皮肤光滑。

这些变化是人体营养充足、代谢水平提高和内脏功能增强的表现，也是实现减脂的前提，因为多余脂肪的消失是身体健康的必然结果。

如果你的变化与以上情况相符，则说明你的身体状态正在向更好的方向发展，应再接再厉。

如果你的变化与以上情况相反，那么即使体重明显下降，你也要警惕，因为这说明你内在的身体功能有所减退，需要改变饮食习惯和生活习惯。

如果你的身体状况并未发生明显的改善，则说明现行的减脂方法没有提高自身的减脂能力，减脂方法有待调整，若当下开始节食只会让情况变得更糟。你现在需要做的，就是踏实地打牢基础，不再跳级。

请牢记长期保持健康瘦的秘诀之一——不过分控制饮食，尤其不要通过节食来降低体脂。否则，你只会陷入越吃越少、饮食限制越来越多且生活幸福感直线下降的困境。控制饮食只是减脂的一部分，而不是全部。若想长期保持健康瘦，规律、适量的运动必不可少，合理的力量训练也不可或缺。你可以猜测一下，是多吃多练的人代谢水平高，还是少吃少练或少吃多练的人代谢水平高呢？有研究结果显示，多吃多练、营养充足的人群的代谢水平高于其他人群，尤其是女性。换句话说，多吃多练更有助于保持健康的身材。

横向：健康瘦饮食模式所处的位置

健康的减脂饮食其实并不神秘，也不神奇。下面，我将简单介绍健康的减脂饮食和其他饮食的关系，以帮助你对此形成清晰的整体认识。

在下图中，越靠近左边的饮食模式进食量越多，饮食限制越少；越靠近右边的饮食模式进食量越少，饮食限制越多。

◇最左侧的红色图标代表极端放纵的饮食模式——人对食物的食用完全处于失控状态，如食物上瘾或暴饮暴食。这种饮食模式的风险极高。

◇粉色图标代表大吃大喝的饮食模

| 极端放纵 | 大吃大喝 | 食用不健康的家常饭菜 | 食用较健康的家常饭菜 | 食用健康的家常饭菜 |

| 风险极高 | 风险高 | 风险较高 | 风险中等 | 风险较低 |
| ◇食物上瘾
◇暴饮暴食 | ◇不节制地食用大鱼大肉、油炸食品和高糖甜食
◇每天进行酒桌社交 | ◇没有健康饮食的意识
◇饮食从不忌口 | ◇虽然已初步具有健康饮食的意识，但不具备足够的营养知识
◇饮食略有节制 | ◇已具备基本的营养知识
◇能根据自己的需求搭配饮食 |

越吃越多、饮食限制越来越少

式——人的饮食结构不合理，如不节制地食用大鱼大肉、油炸食品和高糖甜食，或每天进行酒桌社交。这种饮食模式的风险高。

◇黄色图标代表食用不健康的家常饭菜的饮食模式——人没有健康饮食的意识，饮食从不忌口，如所食的家常饭菜不仅油腻，还含有较多的糖、盐、食用油和食品添加剂。这种饮食模式的风险较高。

◇橙色图标代表食用较健康的家常饭菜的饮食模式——人虽然已初步具有健康饮食的意识，但不具备足够的营养知识，即饮食略有节制，不过易盲目相信各种饮食禁忌方面的谣言，处于"自认为正在进行健康饮食"的状态。在食物的选择上比较极端，要么完全拒食肉类，要么完全拒食主食。这种饮食模式的风险中等。

◇深绿色图标代表食用健康的家常饭菜的饮食模式——人已具备基本的营养知识，

能根据自己的需求搭配饮食，因而饮食结构比较合理，整体符合《中国居民膳食指南》中制定的标准。这种饮良模式的风险较低。

◇浅绿色图标代表食用符合健康瘦饮食理念的家常饭菜的饮食模式，即本书推荐的饮食模式——人的饮食结构均衡，不严格限制某种食物，不过分突出或贬低某种食物或营养素的作用，不冒进也不制造饮食恐慌，用平常心看待所有食物。你无须完全抛弃原先的饮食习惯，而只需在旧的饮食习惯和饮食偏好上稍加改良。你不是抛弃旧的自己，而是更深入地认识自己。这种饮食模式在符合《中国居民膳食指南》中制定的标准的基础上，更加重视能量和营养素的搭配，并顾及健身的需求，能让人在吃得饱的同时保持理想的体脂率，有助于增加瘦体重和提高运动表现。这种饮食模式的风险低。

◇浅蓝色图标代表特殊饮食模式，如生

食用符合健康瘦饮食理念的家常饭菜	特殊饮食模式	饮食失调	禁食
风险低	风险中等	风险高	风险极高
◇重视能量和营养素的搭配，并顾及健身的需求 ◇能让人在吃得饱的同时保持理想的体脂率 ◇有助于增加瘦体重和提高运动表现	◇如生酮饮食法、原始人饮食法、低碳饮食法和8小时进食法等流行的饮食法 ◇运动员备赛饮食法	◇神经性厌食症 ◇厌食症和贪食症交替 ◇异食癖 ◇反刍综合征 ◇限制型摄食障碍	◇长期主观拒绝进食

越吃越少、饮食限制越来越多 →

酮饮食法、原始人饮食法、低碳饮食法和8小时进食法等流行的饮食法和运动员备赛饮食法。这种饮食模式的风险中等。

◇深紫色图标代表会导致饮食失调的饮食模式。饮食失调包括神经性厌食症、厌食症和贪食症交替、异食癖、反刍综合征和限制型摄食障碍。这种饮食模式的风险高。

◇浅紫色图标代表禁食的饮食模式——人长期主观拒绝进食。这种饮食模式的风险极高。

总结

读到这里，你也许产生了疑惑：若按本书中的食谱用餐，我多长时间后能变瘦？

坦诚而言，我无法提供准确的时间，也不希望你完全按照本书中的食谱用餐，因为这些食谱仅供参考，我更希望你能在此基础上创造出更适合自己的减脂餐，那才是真正属于你的东西。例如，不同的人对碳水化合物和脂肪的敏感度存在差异，因此这两种营养素的摄取量就需要根据自身的情况进行灵活调整。

同时，我不希望你怀着"用餐后立刻能变瘦"的想法读这本书，因为这本质上还是"食用某种食物就能变瘦"的思维模式。若过于急功近利，一是容易由于没有得到短期反馈而感到焦虑和失望，从而轻易放弃，但很多事情，尤其是符合自然之理的事情，都需要一个循序渐进的改变过程，其中时间是重要且关键的影响因素之一；二是容易形成"一件事只有从A点直接到达B点才算实现"的错误认知，以致认为不能从A点直接到达B点的方法就是错误的方法，但其实自然、真实的事情大多不是直线性地发展，而是曲折、迂回地前进。

此外，我要重点提醒你，你应尽量客观地

看待食物，不受食物的健康光环效应的影响。

　　健康光环效应指人因一种食物具有某种看似健康的特质（如"低脂""低糖"和"零胆固醇"等）而认为该食物完全健康，后果通常是人会过量食用该食物。常见的具有"健康光环"的食物有椰子油、植物奶、冷榨果汁、龙舌兰糖浆、草饲牛肉、无麸质麦片和低脂酸奶。在一般情况下，人们会因认为某种食物是健康食物而大量食用，从而造成摄取的总能量超标，最终导致体重增加。

　　还有一点需要注意，"有机"和"非转基因"的字样需要相关部门认证后才能标注在食物包装上，而"纯天然""自然"和"纯净"等字样则可由厂家自行标注，无须相关部门认证，所以可视作一种营销用语。

食谱的使用说明

关于计量单位

本书采用标准烘焙量杯、量勺的计量单位。

1 杯： 240 ml

1 汤匙：15 ml

$1/2$ 汤匙：7.5 ml

1 茶匙：5 ml

$1/2$ 茶匙：2.5 ml

$1/4$ 茶匙：1.25 ml

$1/8$ 茶匙：约 0.6 ml

$1/16$ 茶匙：约 0.3 ml

关于食材

◇酱油：一般指无添加的酿造酱油，若用生抽或老抽会特别标注。本书的食谱中使用的酱油咸味较淡，如果你使用的酱油偏咸，请酌情减量。

◇海盐：指颗粒粗、片状的海盐，不易溶化，适合烹饪完成后撒在肉类、蔬菜的表面，增加咸脆的口感。注意，海盐比普通食盐的咸味淡，若用食盐代替海盐，请酌情减量。

◇细海盐：指粗细程度与普通食盐相似的海盐。细海盐易溶化，适合为菜品调味。

关于能量参考

◇数据来自《中国食物成分表（第2版）》、《中国居民膳食营养素参考摄入量（2013版）》和美国农业部公布的信息。注意，每种食物所含的能量与营养素都没有绝对精确的数据，各个数据来源只能作为参考。但是，若数据的使用者一直以相同来源的数据作为参考，则这组数据可视为相对准确，本书同理。

◇在实际的烹饪中，烹饪工具、食材种类等的差异会导致菜品实际的能量和营养素的含量与食谱中提供的数据有所差异，因此食谱中提供的数据仅供参考。

◇食谱中提供的能量与营养素的数据不包括酱油、醋和料酒等调味品所含的能量与营养素。

特别提醒

本书中的1份菜品以能满足日常活动量偏少、在办公室工作的青年女性的平均能量需求为标准。

注意，菜品的1份只是计量单位，而不是意味着每人只能食用1份。按个人的能量需求来用餐即可，不要被份数误导，例如有的人需要食用2份，有的人只需要食用半份。

目　录

contents

① 减脂者真的不能摄取碳水化合物吗?

深度了解碳水化合物…………4

碳水化合物长期摄取不足的危害…………6

碳水化合物的消化与吸收…………8

延伸阅读①

　　糖异生: 在拒食主食时, 人体内会发生什么?…………10

延伸阅读②

　　低血糖指数饮食科学吗?…………12

碳水化合物的摄取原则…………**16**

碳水化合物的优质食物来源…………17

延伸阅读③

　　针对不同人群在不同时间对主食的选择建议…………18

碳水化合物的推荐摄取量…………22

关于摄取碳水化合物, 减脂新手应该做的和不应该做的…………23

在家庭中加工含碳水化合物食材的注意事项!…………24

脆花生香蕉夹心三明治…………27

苹果酱红薯泥全麦薄饼…………30

鲜味南瓜能量炒饭…………37

孜然鸡肉焖饭…………39

泡菜金枪鱼卷饼…………45

② 无油饮食能实现健康减脂吗?

深度了解脂类…………52

人体内脂类的主要作用…………54

膳食脂肪的主要作用…………55

脂肪的消化与吸收…………56

延伸阅读④

　　"坏胆固醇"与"好胆固醇"…………58

延伸阅读⑤

　　高脂饮食法科学吗?…………60

脂肪的摄取原则…………66

脂肪的优质食物来源…………67

脂肪的推荐摄取量…………68

关于摄取脂肪,减脂新手应该做的和不应该做的…………69

营养早餐麦片…………71

豆浆杂粮粥…………79

金枪鱼蔓越莓三明治…………85

龙利鱼豆腐羹…………89

芝麻酱面条沙拉…………92

肉夹馍…………95

水果巧克力冰激凌…………99

③ 过量摄取蛋白质对身体有害！

深度了解蛋白质⋯⋯⋯⋯**106**

蛋白质的消化与吸收⋯⋯⋯⋯108

延伸阅读⑥

　　摄取蛋白质重质不重量⋯⋯⋯⋯110

蛋白质的摄取原则⋯⋯⋯⋯**114**

蛋白质的优质食物来源⋯⋯⋯⋯115

延伸阅读⑦

　　不同人群的蛋白质推荐摄取量⋯⋯⋯⋯116

关于摄取蛋白质，减脂新手应该做的和不应该做的⋯⋯⋯⋯119

延伸阅读⑧

　　高蛋白肉类的基本备餐法⋯⋯⋯⋯120

墨西哥鸡肉饭⋯⋯⋯⋯122

安东鸡⋯⋯⋯⋯124

黑椒汁蒸鸡⋯⋯⋯⋯126

青椒苹果鸡肉丸⋯⋯⋯⋯129

香糯鸡蛋卷饼⋯⋯⋯⋯131

蛋包肉⋯⋯⋯⋯135

鸡肝牛肉丸⋯⋯⋯⋯139

④ 膳食纤维摄取过多，小心变成"大胃王"！

深度了解膳食纤维⋯⋯⋯⋯**146**

膳食纤维的作用⋯⋯⋯⋯148

膳食纤维的消化与吸收⋯⋯⋯⋯149

膳食纤维的摄取原则⋯⋯⋯⋯150

膳食纤维的优质食物来源⋯⋯⋯⋯151

膳食纤维的推荐摄取量⋯⋯⋯⋯152

关于摄取膳食纤维，减脂新手应该做的和不应该做的⋯⋯⋯⋯153

延伸阅读⑨

　　摄取膳食纤维的常见误区⋯⋯⋯⋯154

在家庭中加工含膳食纤维食材的注意事项！⋯⋯⋯⋯156

燕麦酥粒红薯泥⋯⋯⋯⋯159

苹果燕麦脆⋯⋯⋯⋯163

肉丸番茄拌面⋯⋯⋯⋯167

五香烤紫甘蓝⋯⋯⋯⋯169

5 缺乏维生素和矿物质，
会变成"瘦胖子"！

深度了解维生素和矿物质⋯⋯⋯⋯176

维生素和矿物质的优质食物来源⋯⋯⋯⋯196

延伸阅读⑩

　　维生素和矿物质的摄取量需要严格计算吗？⋯⋯⋯⋯199

延伸阅读⑪

　　有必要食用养补剂吗？⋯⋯⋯⋯202

在家庭中加工含维生素和矿物质食材的注意事项！⋯⋯⋯⋯204

关于摄取维生素和矿物质，减脂新手应该做的和不应该做的⋯⋯⋯⋯206

香醋烤时蔬⋯⋯⋯⋯207

营养拌饭⋯⋯⋯⋯211

薯泥酱卷饼⋯⋯⋯⋯215

圆白菜肉酱焖饭⋯⋯⋯⋯217

彩虹糙米沙拉⋯⋯⋯⋯221

减脂者真的不能摄取碳水化合物吗？

在减脂时，很多人会不假思索地完全拒绝摄取碳水化合物，这是最大的减脂误区。很多减脂新手选择执行低碳饮食法，但这会对身体造成一定程度的损害。

▶由于被某些信息误导，减脂新手通常对三大产能营养素中的碳水化合物有很深的误解，所以碳水化合物常被"妖魔化"。现如今，"摄取碳水化合物会使人发胖"的观念深入人心，许多常年习惯性减脂的人几乎都拒食主食。这个观念像魔咒一样折磨着减脂人群，许多减脂动力十足的人即使在特别饥饿或食欲失控时，也只是不限量地摄取蛋白质和脂肪，却不敢摄取碳水化合物，尤其是精制碳水化合物，最后陷入越吃越饿的"怪圈"。因此，本章会就碳水化合物究竟是否健康和是否会使人发胖，以及在减脂时是否只能食用粗粮和应该食用多少粗粮等常见问题做详细解答。

在阅读本章的内容后，你就会明白"摄取碳水化合物会使人发胖""食用主食最易使人发胖""在运动后摄取碳水化合物会使人发胖""在睡前摄取碳水化合物会使人发胖""不能食用精制米面"和"糖分为好糖和坏糖"等都是对碳水化合物的误解。

其实，我曾经在碳水化合物的摄取方面犯过不少错误，例如长期以全谷物、豆类和薯类为主食；很少摄取或干脆拒绝摄取碳水化合物；摄取极难消化的碳水化合物；只食用不含碳水化合物且蛋白质和脂肪含量低的零食；在晚餐时拒食主食；在睡前不摄取碳水化合物，只因饥饿会让我安心；在运动后不摄取碳水化合物；认为精制碳水化合物如同毒药，哪怕是摄取一丁点儿都会导致糟糕的后果。

我之所以会犯以上错误，并非是因为我完全不了解碳水化合物的作用，而是因为我既禁不住不摄取碳水化合物能更快变瘦的诱惑，又对碳水化合物存在着先入为主的偏见。一般而言，人如果已经被某些信息误导而形成了某种错误的观念，如"摄取碳水化合物会使人发胖"这样的观念，那么无论正确的道理多么浅显易懂，已有的错误观念也难以改正。改正对碳水化合物的错误观念很艰难，中途忍不住再次依靠执行低碳饮食法来减脂是正常情况，不必慌张，因为人有时在反复实践中才能彻底领悟真理。你不要试图从 A 点立刻到达 B 点，而要用微小的进步来推动自己前进，并以此巩固新习惯，提高自我效能感，这种思路才符合人脑生理结构的特点。

深度了解
碳水
化合物

碳水化合物是有机化合物中的一大类。从化学、生理学和营养学三个方面进行综合分析，碳水化合物可分为糖、寡糖和多糖[①]，如图 1-1 所示。

图 1-1　碳水化合物的分类

糖分为单糖、双糖和糖醇。单糖是分子结构最简单的糖，常见的单糖有葡萄糖、半乳糖和果糖，这三者都是碳水化合物可以被人体吸收的形式。其中，葡萄糖是人体最需要的碳水化合物，因为大脑、神经系统和红细胞几乎完全依赖血液中的葡萄糖为其供能，所以葡萄糖对保证人体生理功能的正常运行至关重要。葡萄糖和果糖存在于水果和蜂蜜等天然食物中。双糖由两个相同或不相同的单糖分子组成，常见的双糖有蔗糖、乳糖和麦芽糖。白糖、红糖和冰糖是常见的蔗糖，乳糖只存在于奶制品中，麦芽糖主要存在于麦芽等发芽的谷粒中。

低聚果糖是最常见的寡糖，存在于香蕉、洋葱和大蒜等水果和蔬菜中。低聚果糖难以被人体消化和吸收，属于可溶性膳食纤维。

多糖分为淀粉和非淀粉多糖两大类。淀粉是人类食物的重要组成部分，主要存在于谷物和根茎类植物中，承担着为人体提供能量的任务。非淀粉多糖即人们常说的膳食纤维，包括纤维素、半纤维素和果胶等。

从能否被人体消化与吸收这一角度来看，碳水化合物还可分为可消化碳水化合物和不可消化碳水化合物。可消化碳水化合物包括单糖、双糖和淀粉等，主要任务是为人体提供能量；不可消化碳水化合物包括一部分糖醇、寡糖和非淀粉多糖。

---

① 碳水化合物的分类标准较多，本书采用的是其中一种。——编者注

碳水化合物长期摄取不足的危害

影响人体组织和器官的正常运行

　　碳水化合物具有清洁、经济、快速的供能特点，1 g 碳水化合物能为人体提供 4 kcal 能量（1 kcal=4.186 kJ）。碳水化合物在有氧和无氧的条件下都可以为人体供能。在有氧的条件下，碳水化合物可以完全氧化，生成二氧化碳和水，并释放能量。也就是说，碳水化合物在有氧的条件下为人体供能时，不产生会给人体造成负担的代谢产物。

　　碳水化合物是人体内细胞的主要能量来源，是维持人体组织和器官的正常运行必不可少的供能物质。如果长期拒绝摄取或极少摄取碳水化合物，身体就会发出一些"信号"，如心慌、手抖、乏力、出虚汗、呼吸急促、烦躁不安、注意力难以集中、暴躁易怒、饥饿难耐或运动时头晕眼花等症状。这是身体在"大声地"表达它对碳水化合物的需要。平均而言，普通人每天至少要摄取 130 g 碳水化合物才能维持身体组织和器官的正常运行，进行规律运动且运动量较大的人的碳水化合物每日最低摄取量则更多。

造成人体功能运行紊乱

　　碳水化合物在人体细胞中的含量占比为 2% ~ 10%，是大脑、肾上腺、胃、脾、肝、肾、肺、胸腺、视网膜、角膜、红细胞、白细胞、神经组织、消化道黏液、抗体、酶、激素、骨骼、肌腱和韧带等的重要组成成分。因此，碳水化合物长期摄取不足会造成人体功能运行紊乱，例如影响人对神经的控制，导致人在运动时受伤的风险提高。

影响血糖水平和激素代谢

　　从饮食中摄取的一部分碳水化合物会以糖原的形式储存于肝脏中，并在需要时以葡萄糖的形式进入血液，从而影响人体的血糖水平和胰岛素水平，这对预防和控制糖尿病等代谢性疾病具有重要意义。此外，碳水化合物会影响睾酮和甲状腺激素的分泌，而这两种激素都与健身和减脂密切相关。因此，碳水化合物长期摄取不足不仅会影响血糖水平，还会导致激素代谢紊乱。

防碍运动后的恢复和增肌，甚至会使肌肉减少，导致人体代谢水平下降

当摄取的碳水化合物长期不足时，人体内的碳水化合物将无法满足自身对葡萄糖的需求。此时，人体会通过糖异生分解蛋白质来产生葡萄糖，以稳定血糖水平和保障基本供能，但这会削弱蛋白质最主要的功能——修复、合成和更新身体组织，从而妨碍人体在运动后的恢复和增肌，甚至会使肌肉减少，导致人体代谢水平下降。因此，人在运动后不仅无须拒绝摄取碳水化合物，反而应将其搭配蛋白质一起摄取，以促进肌肉的生长。

不利于大脑的正常工作

葡萄糖是维持大脑、神经系统和红细胞正常运行的唯一能源。大脑作为人体的"总司令"，对血糖水平的下降非常敏感，这是人类长期进化而来的保命机制。当碳水化合物的摄取量不足时，人会格外渴望食用富含碳水化合物的食物，例如从事高强度的脑力劳动（如准备考试、写论文或赶项目）的人在执行低碳饮食法时会特别渴望食用高糖食物。这不是简单的嘴馋，而是身体在诉说它的需求。人体对碳水化合物的需求长期得不到满足，会对大脑的记忆能力和认知能力产生负面影响，如使人越来越健忘，反应越来越迟钝。通俗地说，长期坚持执行低碳饮食法会使人变笨。

使人情绪低落

碳水化合物可促使大脑分泌能使人产生愉悦感的5-羟色胺。当碳水化合物的摄取量增加时，大量5-羟色胺的前体会前往大脑，从而制造出更多的5-羟色胺，使人产生幸福的感觉；而当碳水化合物长期摄取不足时，5-羟色胺水平就会偏低，人难免郁郁寡欢。因此，人在摄取碳水化合物后感到的安心、轻松和幸福都是真实的。长期严格执行低碳饮食法的人在摄取碳水化合物后会明显感觉身体更舒适、睡得更香。

碳水化合物的
消化与吸收

碳水化合物的消化过程从口腔开始，但其主要的消化场所是小肠。口腔的咀嚼运动可以切分食物，并让唾液中的唾液淀粉酶与食物充分接触，从而将长链的多糖被切割得更小。主食越嚼越甜的原因就是其中的少量淀粉被水解为麦芽糖。不过，食物在口腔中存留的时间较短，因此碳水化合物在口腔中的消化程度很低。食物进入胃后，会继续被软化、混合，但胃中没有能水解碳水化合物的酶，因此碳水化合物在胃中的消化程度同样很低。

食物到达小肠后，碳水化合物才进入最主要的消化过程。首先，肠腔中的胰淀粉酶会将淀粉水解为麦芽糖、异麦芽糖和葡萄糖等。在小肠黏膜上皮中，有许多像小刷子一样的细密交错的小肠绒毛，小肠绒毛的细胞里有各种可以继续水解碳水化合物的酶，例如麦芽糖酶、异麦芽糖酶、蔗糖酶和乳糖酶（乳糖不耐受即因为人体内的乳糖酶不足或缺失）等。碳水化合物被这些小肠绒毛刷过之后，就完全被水解为葡萄糖、果糖和半乳糖。以上就是碳水化合物的消化过程，如图 1-2 所示。

单糖被小肠黏膜上皮细胞吸收后，会进入小肠壁的毛细血管，并在门静脉汇合后进入肝脏。碳水化合物最主要的任务是为人体供能，因此这时已经被人体吸收的碳水化合物会立刻开始释放能量。葡萄糖会在体循环中流入各个人体细胞和器官，并为其提供能量。也就是说，感到饥饿、疲劳的人在摄取碳水化合物后，就会像电量不足的手机充上了电一样，逐渐从虚弱无力变得精力充沛。

被人体吸收的一部分碳水化合物会帮助人恢复精力，即完成最主要的供能任务，如前文所述；而剩余的部分则会去完成次要任务，即转化为肝糖原和肌糖原并储备起来。当碳水化合物将主要任务和次要任务都完成后，即人体的能量供应充足（人变得活蹦乱跳）且糖原储备完成（存货赋予底气），此时若碳水化合物还有剩余，

那么这些剩余的碳水化合物也不会被浪费，而会在肝脏中合成脂肪并储存起来。人体内糖原的储存空间非常有限，但是体脂的储存空间极大。

以上碳水化合物的消化与吸收过程表明，人并不是吃肉就长肉，摄取脂肪就长脂肪，摄取过多的碳水化合物也会使体脂增多。例如，素食不一定会使人变瘦，因为被过量食用的粗粮会转化为体脂而储存于体内。

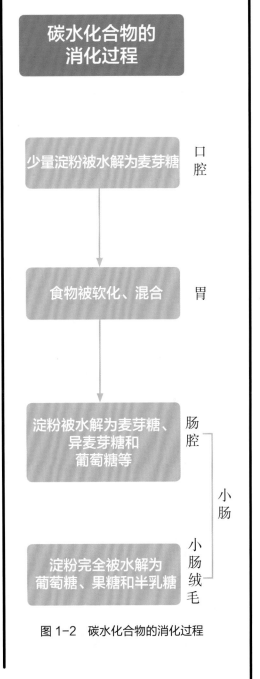

碳水化合物的消化过程

少量淀粉被水解为麦芽糖　　口腔

食物被软化、混合　　胃

淀粉被水解为麦芽糖、异麦芽糖和葡萄糖等　　肠腔

淀粉完全被水解为葡萄糖、果糖和半乳糖　　小肠绒毛

小肠

图1-2　碳水化合物的消化过程

9

糖异生：在拒食主食时，人体内会发生什么？

对减脂者而言，糖异生是一个重要的知识点。很多当下流行的减脂饮食法虽然表面花哨，但本质都是利用糖异生做文章。因此，在了解糖异生的相关知识后，你就不会再盲目地执行各种换汤不换药的减脂饮食法了。

前文提到，碳水化合物可以经过人体的消化而水解为葡萄糖，并进入血液为人体提供能量。不过，当人不能及时补充碳水化合物时，人体也可以将不是碳水化合物的物质（如乳酸、丙酮酸、甘油和生糖氨基酸）转化为葡萄糖或糖原，这个转化过程就称为糖异生。糖异生主要在肝脏内进行，不过当人非常饥饿时，肾脏也会额外承担起这份工作。

简单地说，在碳水化合物摄取不足的情况下，食物和人体中的一部分脂肪和蛋白质会被转化为葡萄糖以维持人体的血糖水平，并为人体提供能量。也就是说，当碳水化合物的摄取量减少时，人体内的脂肪和肌肉含量也会降低。此外，碳水化合物的摄取量减少也可能导致人体脱水。所以，人在执行低碳饮食法时，即使比平时食用更多的肉类，体重也会有所下降，并且整个人看起来更加精瘦。这种进食量增加但体重下降、身材变瘦的现象，特别符合人们在减脂时的心理期待。这时，只需再将这种低碳饮食法加上一点儿故弄玄虚的限制性条件进行包装，例如某段时间不能食用某种食物而必须食用另一种特定的且还未普及的食物，设计一些有仪式感的用餐方式，再取个时尚的名字，人们就会本能地觉得这种低碳饮食法神秘又高级，跃跃欲试，从而掉入各种低碳饮食法的"消费陷阱"。

实际上，糖异生只是一个正常的人体功能，它可以在人饥饿时维持体内的血糖水平，促使乳酸被充分利用。在专业人士的指导下，糖异生还可以用于治疗某些疾病。不过，如果你仅把它当作减脂的捷径，试图使人体完全依靠糖异生来供能，就容易出现问题。对体重不超标和稍有超重但更想塑形的人而言，尤其是其中的减脂新手，它带来的可能更多是弊端，如引发酸中毒，代谢系统、生殖系统、免疫系统和消化系统的疾病，进食障碍，精神疾病，记忆能力和认知能力下降，易怒，孤僻，骨质疏松，便秘，肾结石和湿疹等。此外，人若过度依靠糖异生来减脂，不仅会在短期内瘦到干瘪的状态，而且会变得格外憔悴。对女性而言，这还会导致衰老速度加快。在这之后，人即使对碳水化合物的摄取量恢复正常，也可能出现身体水肿、皮肉疼痛、情绪波动和心理健康问题。

为了限制碳水化合物的摄取量，减脂新手通常倾向于减少主食量。其实，还有两个更大的问题需要被重视。

一是要控制精加工甜食的食用量和含糖饮料的饮用量，因为二者都是"糖分大户"。例如，一杯 355 ml 的果汁的糖含量可达 45 ~ 64 g。这些食物的口感与味道俱佳，极易勾起人的食欲，会使人饿得更快或馋得更快，因此人们很容易过量食用它们，从而导致糖的食用量超标。通常，如果糖的食用量超标，碳水化合物的摄取量也会超标。其实，计算过碳水化合物的摄取量的人都会发现，若拒绝或减少食用和饮用糖含量高的精加工甜食和含糖饮料，只食用以天然食材简单加工而成的主食，碳水化合物的摄取量并不容易超标。这是因为人不太可能过量食用主食，一来主食的体积一般不会太小，二来主食一般会搭配肉类和蔬菜一起被食用。总之，现代人体重超标的主要原因之一就是过量食用这些含有大量糖分的食物，如糕点和奶茶等。

二是现代人的精制碳水化合物摄取量普遍超标，而全谷物的食用量普遍较少。《中国居民膳食指南（2021）》中指出，全国只有 20% 的成年人的全谷物食用量能达到日均 50 g（生重）以上。

低血糖指数饮食科学吗？

人们常说的血糖是指血液中的葡萄糖，它一般有3种来源：食物中的碳水化合物经肠道消化而成，肝糖原分解而成和糖异生转化而成。因为大脑和神经组织只依靠葡萄糖为其供能，人体内细胞的正常代谢和器官的正常运行也都必须在血糖水平相对稳定的情况下进行，所以使血糖水平保持在一个正常的恒定范围内非常重要。当血糖水平过低时，人会头晕眼花、眼前发黑，甚至由于虚脱而昏迷；当血糖水平过高时，人会疲劳嗜睡。由此可知，减脂者在用餐后的理想情况是：虽然体内的总能量出现较小的"赤字"，但人仍然有饱腹感，而且血糖水平不会下降得过快，以至于很快又感到饥饿。总体而言，要使血糖水平在一个正常的恒定范围内保持有规律的波动，不出现大起大落。

注意，人在用餐后产生的物理性撑胀感并非饱腹感，例如一口气食用500 g菜叶会令人感到非常撑胀，但这并不是真的饱腹感，因为人在短时间后就会再次感到饥饿。许多减脂者错将这种物理性的撑胀感当作饱腹感，从而会产生"胃饱了但脑子没饱"的感觉，即胃已经感到了撑胀，人却仍想继续进食。真正的饱腹感是人体在摄取足够的碳水化合物后因血糖水平升高、饥饿素水平下降、瘦素水平升高而产生的一种感觉，此时人会觉得继续进食是一种负担。相反，真正的饥饿感是人体的血糖水平下降到一定阈值后产生的一种感觉。

人体会通过调节激素来使血糖水平保持在一个正常的恒定范围内，其中有 4 种激素非常重要，简称"一低三高"："一低"指人体内唯一可以降低血糖水平的胰岛素，"三高"指人体内能提高血糖水平的胰高血糖素、糖皮质激素和肾上腺素。

此外，食物的种类和人的食量也会对人体的血糖水平产生影响。血糖指数（即 GI 值）又称血糖生成指数，可以衡量定量的单一食物或食物组合对人体血糖水平的影响能力。血糖指数高表示该食物易消化、易吸收，所含的葡萄糖进入血液的速度快；血糖指数低表示该食物难以消化与吸收，所含的葡萄糖进入血液的速度慢，引起的血糖峰值偏低。通常，血糖指数在 75 以上的食物为高血糖指数食物，血糖指数在 55 以下的食物为低血糖指数食物，血糖指数介于 56 ~ 74 的食物为中血糖指数食物。常见食物的血糖指数见表 1-1。

一般而言，无论你是为了减脂还是健

表 1-1　常见食物的血糖指数

食物名称	血糖指数	食物名称	血糖指数	食物名称	血糖指数
葡萄糖（参照物）	100	胡萝卜	71.0	绿豆	27.2
大米饭	83.2	香蕉	52.0	菜豆	27.0
白馒头	88.1	猕猴桃	52.0	大豆	18.0
白面包	87.9	葡萄	43.0	花生	14.0
熟红薯	76.7	柑橘	43.0	鹰嘴豆	6.0
熟土豆	66.4	桃	28.0	巧克力	49.0±8.0
荞麦面条	59.3	梨	36.0	可乐	40.3
熟山药	51.0	苹果	36.0	全脂酸奶	36.0
熟芋头	47.7	柚子	25.0	全脂牛奶	27.6
小米粥	71.0	草莓	40.0	葡萄干	64.0
钢切燕麦粒	55.0	苹果汁	41.0		
西瓜	72.0	扁豆	38.0		

表格说明：

· 表中食物的血糖指数在不同的资料中存在差异，尤其是加工过的食物（加工方式和食品添加剂都会影响食物的血糖指数），因此表中的数据仅作参考。

身，都推荐你以食用中低血糖指数的食物为主。不过，虽然这句话本身没有错，但是很多减脂者却没有真正地理解它，从而导致自己在实践中误入歧途。

错误一：非黑即白

有些减脂者被"非黑即白"的思维模式控制，即完全否定高血糖指数食物，并将其从饮食中全部剔除。

其实，在减脂时无须拒食高血糖指数食物，原因如下。

首先，常见的天然食物都是可以放心食用的。例如，人们一般认为食用大米饭会使人发胖，而实际上，发胖只能说明有些人在大米饭的食用量和食用搭配方面存在问题，因此并不能把发胖的原因全部归结为食用了大米饭。无论是大米饭还是其他食物，你都要辩证地对待，在减脂的时候一定要避免只看到其不好的一面，而忽视其有价值的一面。大米饭适合作为高强度运动后的一餐的主食，也适合肠胃功能较弱、食欲紊乱和从小习惯食用它的人食用。

其次，因为测量方法不同，各国、各组织测量出的每种食物的血糖指数存在一定的差异，所以你所了解到的食物的血糖指数仅可作为饮食参考。

再次，人们在实际用餐时通常混合食用各种食物，而混合食物的血糖指数一般为中等水平。也就是说，即使你食用了大米饭，但是在大米饭与含有蛋白质和脂肪的食物混合后，其消化速度会减慢。

最后，有运动习惯的人更不必担心食物的血糖指数，只需控制每餐中营养密度高的食物的食用量即可，因为均衡摄取各种营养素比单纯地关注单一食物的血糖指数更为重要。

错误二：过分小心

有些减脂者不敢食用烹饪至软烂的食物，即使那是富含膳食纤维的中低血糖指数食物。食物烹饪得越软烂，其血糖指数越高，所以很多人不敢喝粥，不敢食用烤红薯，也不敢用高压锅煮豆类等食物，以至于食用的食物越来越硬、越来越难以消化。长此以往，人会在饭后感到烧心和肠胃疼痛，消化能力和吸收能力也会下降，从而直接影响人体对营养的吸收和利用。

如果你是一个未患糖尿病且有运动习惯的健康人，并且能在日常用餐时注意食物的血糖指数，则说明你已经很注意饮食的健康问题，肯定没有常点外卖或去餐厅大吃大喝的习惯，所以总体的饮食习惯不会太差。那么，你在食用全谷物和薯类这种富含膳食纤维的食物时，就不必由于顾忌血糖指数而把它们烹饪得半生不熟，正常用餐即可。过于在意食物的血糖指数不仅无用，反而会增加不必要的压力和负担。

错误三：标准过高

有些减脂者在根据血糖指数选择食物

时制定的标准越来越高。一般而言，虽然食物的血糖指数低于 55 即为低血糖指数食物，但很多人仍会选择食用食物血糖指数表中血糖指数最低的食物，凭直觉认为直接食用血糖指数最低的食物会瘦得更快。也就是说，他们不仅不食用高血糖指数食物，还只食用血糖指数最低的食物，直到身体出现问题才猛然醒悟。

实际上，食物的血糖指数并不是判断是否应该食用某种食物的唯一标准，甚至不是各个判断标准中最重要的。例如，《中国营养科学全书》中标注熟土豆和熟红薯的血糖指数分别为 66.4 和 76.7，可乐和花生的血糖指数分别为 40.3 和 14，但熟土豆和熟红薯中除了含有碳水化合物外，还含有膳食纤维、维生素、矿物质和少量蛋白质，营养价值更高。再如，虽然高脂食物的血糖指数低，但在日常生活中也不能以食用高脂食物为主，因为过量食用高脂食物会使体重较快地增加。

当然，这并不意味着高血糖指数食物可以随便食用。我想强调的是，不要将高血糖指数食物完全剔除出餐单，即可以关注但不要过分注重食物的血糖指数。一定不要以食物的血糖指数的高低作为标准给它们贴上"坏食物"或"好食物"的标签，因为贴标签的思维模式更容易导致极端的饮食行为。

在日常生活中，你更应关注的是总能量和蛋白质的摄取量，优先食用营养价值高的食物，做到每餐的主食都粗细结合，同时摄取优质的蛋白质和脂肪，多食用蔬菜和水果，从而使血糖水平保持在正常范围内，不让减脂对健康产生负面影响。

目前，"三高"人群逐年扩大，有关血糖的问题常被提起，致使未患高血糖的人也战战兢兢。健身者需要特别注意，凡事都应适度，高血糖有害并不代表低血糖就有益，有时低血糖比高血糖更加危险，甚至会危及生命。因此，血糖水平并不是被控制得越低越好，你应尽量使血糖水平保持稳定，如图 1-3 所示。

保持稳定

图 1-3　血糖水平应保持稳定

碳水
化合物的
摄取原则

碳水化合物的优质食物来源

碳水化合物绝大部分来自天然食物，少部分来自加工食物，但后者仅可作为零食。摄取碳水化合物推荐以全谷物、豆类和薯芋类为主，以少量水果和水果干为辅。

● 全谷物

包括糙米、紫米、黑米、红米、野米、小米、荞麦、玉米和藜麦等。此类食物的碳水化合物含量占比一般为 60% ~ 80%。

● 豆类

包括红豆、红腰豆、赤小豆、芸豆、绿豆和利马豆等。此类食物的碳水化合物含量占比一般为 40% ~ 60%。虽然豆类的碳水化合物含量高，但其膳食纤维含量也高，所以它们对血糖水平的影响较小。注意，大豆的蛋白质含量占比几乎接近 50%，因此应视作蛋白质的主要食物来源。

● 薯类

包括红薯和芋头等。此类食物的碳水化合物含量占比一般为 15% ~ 29%。

● 水果

不同水果的碳水化合物含量存在很大的差异，即使是同一种水果，其碳水化合物含量也因成熟度的不同而存在差异。因此，建议你除了食用常见的苹果、梨和香蕉外，还要尽可能多地食用其他种类的水果。

● 水果干

包括葡萄干、干枣、山楂干、西梅干、杞果干和木瓜干等。此类食物的碳水化合物含量占比一般为 55% 以上。注意，你选择食用的水果干应尽量与平时经常食用的新鲜水果的种类有所不同，例如你若经常食用新鲜香蕉，就可不再食用香蕉干。此外，你可以将季节性较强且平时较难购买的樱桃等水果制成水果干。

● 坚果

总体上对血糖水平的影响较小，油脂类坚果对血糖水平的影响效果与淀粉豆类相似。不过，即使是栗子等淀粉类坚果，对血糖水平的影响也小于精制米面。

● 深绿色叶菜

碳水化合物的含量非常低，占比为 2% ~ 6%。因此，你可按个人需求决定是否将深绿色叶菜中所含的碳水化合物计入全天碳水化合物的总摄取量。建议除专业健美人士或严格控制体重、体脂的人外，其余的人都无须将深绿色叶菜所含的碳水化合物计入全天碳水化合物的总摄取量，毕竟还从未听说有人因食用过多的蔬菜而变胖。注意，深绿色叶菜虽然含有碳水化合物，但不可完全取代主食。

针对不同人群在不同
时间对主食的选择建议

不同人群的肠胃功能存在差异，因此针对不同人群在不同时间对主食的选择建议也有所不同，具体建议见表1-2。

表1-2 针对不同人群在不同时间
对主食的选择建议

	肠胃功能 正常的人	肠胃功能 较弱的人
运动日	食用中高血糖指数的主食	食用中高或偏高血糖指数的主食
非运动日	食用中低血糖指数的主食	食用中高血糖指数的主食

表格说明：

· 表中的血糖指数指单一食物的血糖指数，非

混合食物的血糖指数。

· 表中的饮食建议适用于健康人群（包括超重人群和不超重人群），但不适用于患有糖尿病等疾病的人群。

肠胃功能正常的人（在运动日）

肠胃功能正常的人不要太执着于在运动日的三餐食用低血糖指数的主食，尤其是在运动后的一餐。以"主食＋肉类＋蔬菜"的一餐为例，你可以将白馒头或烙饼作为主食。诚然，这看起来可能与主流的减脂餐不同，也许让你心存疑惑。但实际上，即使你严格限制精制碳水化合物的摄取，也还是会在某个时间"一不留神"食用含

精制碳水化合物的食物。既然如此，你不如停止自欺欺人的行为，放弃形式上的"减脂餐"，而选择食用真正符合个人需求的餐食。你可以选择食用芦笋、西蓝花或豆芽等比叶菜类蔬菜更有嚼劲的蔬菜，与主食形成粗细搭配，略微降低该餐的血糖指数。食用这样的餐食有利于在运动后为身体快速补充糖原，促进胰岛素的分泌，增强饱腹感，减少由运动引发的压力激素（皮质醇）的分泌。体重不超标且运动量很大的人如果长期以低血糖指数的粗粮为主食，更易出现饭后饿得过快的情况。虽然将适量细粮混入粗粮中可以暂时缓解这个问题，但身体在适应这种饮食方式后，会再次出现相同的情况。

其余的两餐在主食上不做严格要求，可由当时的心情来决定，既可以全是大米饭或白馒头，也可以是粗细搭配，如在大米饭中混入一些全谷物、豆类和薯类，或不食用大米饭而食用全麦含量为20%～50%的全麦面包。

减脂饮食的重点是控制总能量和蛋白质的摄取量，因此不必对主食的种类限制得过于苛刻，即使偶尔全部食用细粮也没关系，尤其是在运动日。一来，碳水化合物和蛋白质、脂肪被一并摄取，既符合口味，又兼顾肠胃，你就不必再用物理性的撑胀感来模仿真正的饱腹感，从而更有利于长期坚持下去。二来，其实你不必过于关注某一两顿饭，因为人不可能一直食用同样

的食物，例如你在食用一段时间细粮后，可能自然就会想食用粗粮了。

肠胃功能正常的人（在非运动日）

肠胃功能正常的人在非运动日大致有3种饮食方法，既可以选择运动日的饮食方法，也可以选择食用中低血糖指数的主食，还可以将以上两种方法混用。你既不必对饮食进行严格的规定，也不必因在非运动日按运动日的进食量用餐而自责。

如果你在运动日的用餐比较注意能量的摄取，即身体存在"能量赤字"，在非运动日则无须特意减少进食量以加大"能量赤字"，按运动日的进食量用餐即可，这样既不会导致发胖，又能促进身体的恢复。

如果你在运动日的用餐比较随意，那么在非运动日食用中低血糖指数的主食就可以满足身体的需求。

例如，你若选择在非运动日的早餐与午餐都按运动日的进食量用餐，晚餐就可以选择食用中低血糖指数的主食。但是，如果你发现自己的睡眠质量会因在晚餐时食用中低血糖指数的主食而降低，那么就可以改为在晚餐食用中高血糖指数的主食，而在早餐与午餐食用中低血糖指数的主食，并继续观察身体反应。

总之，不要被饮食建议所束缚，而要尝试多种饮食搭配，以用餐后身体感到舒适为准即可。

以"主食＋肉类＋蔬菜"的一餐为例，

若你在非运动日想以大米饭为主食，则可以在大米饭里加入一些豆类或薯类，如红豆或红薯，具体的混合比例可以慢慢调试，以食用后肠胃舒适、食欲稳定和大便正常为准。此外，你也可以尝试将少量水果搭配主食食用，或将蔬菜与水果做成沙拉食用，因为水果中的果酸可以延长肠胃的排空时间，并降低该餐的血糖指数。

肠胃功能较弱的人（在运动日）

肠胃功能较弱的人消化能力有限，即使是消化大米饭和白馒头，其消化速度也比肠胃功能正常的人更慢。虽然有些主食的血糖指数高，但是对肠胃功能较弱的人而言，它的血糖指数就相对降低了。所以，你平时不必过于在意主食的血糖指数，选择主食应以容易消化和食用后肠胃舒适为标准。当运动后胃口不佳、消化能力降低时，你更不必特意食用那些难以消化的主食。

以"主食＋肉类＋蔬菜"的一餐为例，主食可以选择大米饭，并搭配少量全谷物和薯类的配菜，如红薯泥或土豆泥沙拉等；蔬菜可以选择深绿色嫩菜叶，而非易导致胃肠胀气的蔬菜，食用量以个人的最大食量为准即可。不过，如果食用过多的蔬菜会导致胃肠胀气，则应减少其食用量。

肠胃功能较弱的人（在非运动日）

在非运动日，肠胃功能较弱的人同样应以肠胃对食物的接受度为准，食用易消化的中高血糖指数的主食。你不必严格规定自己的饮食，而要以开放的心态多尝试各种灵活的饮食搭配。

仍以"主食＋肉类＋蔬菜"的一餐为例，肠胃功能较弱的人应尽量避免用豆类代替主食，而应用相对容易消化的全谷物和薯类，如土豆、芋头、山药、红薯和紫薯等，来替换少部分（如 10% ~ 20%）大米饭，从而将大米饭变成土豆饭或山药饭；蔬菜可以选择较嫩的叶菜类蔬菜，如菠菜苗或菜心，而非选择易导致胃肠胀气的蔬菜，如圆白菜、茄子、西蓝花和洋葱等。

总之，既不要完全不食用细粮，也不要只食用细粮；粗粮也是如此，既不要完全不食用粗粮，也不要只食用粗粮。你应把主食的粗细搭配当作调节饮食的手段，并根据不同的情况调节搭配的比例。

这里有一个根据自身的感受以调节饮食的小窍门：当你对主食产生抗拒感，觉得身体在食用主食后会变得"膨胀"，无法感受到主食的美味，而且腰腹上松软的赘肉也在增加时，可以适当增加细粮中粗粮的比例，直到对主食的感知恢复正常，再减回粗粮的原始比例；当你在用餐后没有饱腹感，总想食用更多主食时，可以将主食全部换为细粮，并适当增加主食的咸味或甜味（如加入红糖或蜂蜜），通常在几天以后，食欲就会稳定下来（饮食失调期除外）。当然，这只是我个人使用的一种方法，重要的是其中调理饮食的思路，即不严格限制粗粮与细粮的食用量，而是根据身体的感受反复对其进行调整。不过，由于每个人对身体的感受是不同的，所以你也可以采取其他方法来调整饮食。

此外，我做两点说明。第一，以细粮为主食不代表完全不食用粗粮与豆类。例如，你可以用红薯泥、蓝莓山药、鸡蛋土豆泥、酱黄豆或盐煮毛豆等搭配大米饭和肉类食用。第二，本书中提到的细粮指以天然形态的食材做成的主食，如用大米煮的米饭和用白面做的馒头，而不指市售的精加工主食，如速食微波炉米饭、奶黄包和流沙包。

最后，我想说的是你不必将以上的建议一字不差地记住。实际上，具体的建议并不重要，重要的是你能否通过阅读我对它的分析而领悟在饮食上不应"非黑即白"的道理。所有的饮食建议都并非一成不变，每个人都应从中摸索并养成适合自己的饮食习惯。同时，对主食的选择建议虽然较为固定，但在具体的执行过程中存在很大的调整空间。如果你只是简单而机械性地理解这些建议，很有可能在实践中曲解它的本意。

如何应对周末时食欲暴增的情况？

如果你在平时严格控制饮食，尤其是对碳水化合物的摄取种类和摄取量都控制得比较苛刻（如只食用少量粗粮），并有规律运动的习惯，那么可能出现一种情况，即你在非周末时的饮食控制良好，但在周末时却难以控制食欲，这使你经常因此而感到自责和懊悔。实际上，这种情况非常正常，很多人都曾有过相同的经历，所以你不必过于内疚。当出现这种情况时，你要反思自己是否平时将饮食限制得过于苛刻，因为一般在极端的压抑下才会导致食欲发生大起大落的波动。你可以通过观察身体的反应来总结这种食欲波动的规律，并寻找它的诱发因素；同时，你可以就此放松和休息，因为正常人在严格执行饮食计划后都需要休息。如果你执行限制性饮食法（本书不推荐限制性饮食法），身体自然也需要一段休息时间。在生活中，你不仅要学会如何前进，还要学会及时休息，从而更好地进步。

碳水化合物的推荐摄取量

若想实现健康减脂，则摄取碳水化合物的正确思路是——摄取上限应既能满足人类生存和日常活动的能量需要（使血糖水平维持在正常范围内），又能满足肝糖原和肌糖原的储备需要，同时不会有多余的碳水化合物被转化为体脂，因为碳水化合物摄取过多会导致必需蛋白质或脂肪的摄取减少，不利于维持身体功能的正常运行；摄取下限则应保证人体内的葡萄糖不过度缺乏，否则会迫使人体完全依靠糖异生来供能，从而造成蛋白质的浪费和电解质紊乱。

总体而言，碳水化合物的每日推荐摄取量应占每日总能量摄取量的 40% ~ 80%，各国膳食指南的推荐比值一般为 50% ~ 65%（中等范围）。碳水化合物的摄取比例过高者和碳水化合物的摄取比例过低者的死亡风险都高于碳水化合物的摄取比例适中者。

中国推荐的碳水化合物每日摄取量占每日总能量摄取量的 55% ~ 65%，即每天应食用谷物和薯类 250 ~ 400 g（生重），其中全谷物和杂豆类 50 ~ 150 g（生重）。同时，应限制食用纯能量食物，如通过食物中的糖摄取的能量应占总能量摄取量的 10% 以下。世界卫生组织建议通过食物中的糖摄取的能量应不超过总能量摄取量的 5%，或不超过 25 g。在减脂时，可以使碳水化合物的摄取量占总能量摄取量的 45%，但不建议长期偏低。

需要注意的是，很多减脂新手认为执行低碳饮食法等于拒食主食，或每日碳水化合物的摄取量为 100 ~ 150 g，或碳水化合物的供能比低于 40%。实际上，美国卫生和公众服务部及美国农业部建议 19 岁以上的成年人每天最少应摄取 130 g 碳水化合物，从而保证人体的能量和营养素的基本供应。注意是"最少"，即你就算是在床上躺一整天，也最少应摄取 130 g 碳水化合物，以维持人体的基础代谢等各种生理功能的运行。

关于摄取碳水化合物，
减脂新手应该做的和不应该做的

应该做的

最初接触粗粮时，可保持主食的总量不变，只把其中的 1/4 换成粗粮，随后再慢慢提高粗粮的比例。

主食应搭配含蛋白质、脂肪和膳食纤维的食物一起食用。

逐步戒掉含糖饮料、糕点、饼干和膨化食品等零食。

糖的每日食用量应控制在 20 ~ 30 g。

若增肌困难，可食用以固体食物加工而成的流食或增加健康的饮料（如果蔬汁）的饮用量。

不应该做的

突然拒食主食或大幅度地减少主食的食用量。

在晚餐时拒食主食。

用水果代替主食或突然拒食所有水果。

突然把精制米面全部换成粗粮。

在家庭中

加工含碳水化合物食材的

注意事项!

针对谷物和薯类的蛋白质利用率相对较低的问题

将谷物和薯类搭配肉类、蛋类和奶制品食用，以实现碳水化合物与蛋白质的互补。

针对食物中的营养素在加工时流失的问题

在食材的风味与加工方式中找到平衡，避免因过度加工导致营养素过度流失，但正常加工造成的营养素的少量流失不可避免。

针对全谷物中的抗营养因子会阻碍人体吸收营养素的问题

建议将全谷物浸泡8小时后再食用，肠胃功能较弱的人更应如此。浸泡可以减少全谷物中的抗营养因子，降低全谷物对肠胃的刺激程度，并提高全谷物的消化率和吸收率。不过，全谷物中可溶于水的营养素会随浸泡流失，如何取舍则因人而异，如对于肠胃功能较弱、易胃肠胀气的人而言，所食的食物易消化才是第一位的。

针对谷物和薯类会过度刺激肠胃的问题

以下几种方法可以减少谷物和薯类对肠胃的刺激。

第一，土豆、红薯和紫薯等应削皮后食用。肠胃健康的人将谷物和薯类带皮食用可增强饱腹感，但长此以往，尤其是当他们以谷物和薯类为主食时，肠胃就会逐渐出现胀气和腹泻等症状，不利于人体对营养的吸收。

第二，谷物和薯类应烹饪至软烂后食用。在锅中多加入一些清水并将它们烹饪至软烂，不仅能减少它们对肠胃的刺激，还能减慢其中淀粉的老化速度。

第三，淀粉含量高的谷物和薯类食物，如面包、馒头和米饭，在室温下会逐渐老化，口感变干、变硬，因此一定要趁热食用或加热后食用，否则会使肠胃受到伤害。

第四，直链淀粉比支链淀粉更容易老化，例如含支链淀粉较多的糯米制品一般不容易老化变硬。含有淀粉的食物的老化速度从快到慢依次为：玉米、小麦、红薯、土豆、糯米。因此，在制作面食的时候，不妨加入一些老化速度慢的食材以提高口感。

第五，淀粉含量高的谷物和薯类食物，如面包和馒头，在2~4℃下最易老化，在60℃以上或-20℃以下最不易老化，因此不适合冷藏保存，而适合保存在-20℃以下冷冻柜中。

脆花生香蕉夹心三明治

份数：2 份 | 准备时间：10 分钟 | 制作时间：15 ~ 20 分钟

每份				
能量 （kcal）	膳食纤维 （g）	蛋白质 （g）	脂肪 （g）	净碳水化合物 （g）
369	7.2	17	15.5	45

　　这道脆花生香蕉夹心三明治是粗粮细做，所用食材以低血糖指数的香蕉、蜂蜜和全麦面包为主，以高血糖指数的其他食材为辅，碳水化合物含量很高。其中，适量的香蕉和蜂蜜可增加甜味，丰富口感；以全麦面包替换白面包，可补充精白面粉中缺少的 B 族维生素和膳食纤维，在提高食物营养价值的同时还能控制血糖水平。这道三明治既能满足人们早晨起床后在空腹状态下快速升糖的需要，又能持续为身体提供能量，还有利于控制体重。此外，花生的钙含量高，而钙不仅有利于骨骼健康，搭配碳水化合物一起摄取还能控制血糖水平，并延缓饥饿感的到来。

花生碎部分		全脂牛奶	2.5 g	其他食材	
花生仁	25 g	无糖可可粉	5 g	香蕉	1 根
海盐	¹/₈ 茶匙	鸡蛋液部分		全麦面包片	4 片
黑巧克力酱部分		鸡蛋	2 枚（大）	无盐黄油	3 g
椰子油（液态）	3.5 g	全脂牛奶	75 g		
蜂蜜	10 g	香草精	¹/₄ 茶匙		

1. **做花生碎**：用刀将花生仁切为大小均匀的花生碎，并将其与海盐混匀，盛盘备用。

2. **做黑巧克力酱**：先在小碗里将椰子油、蜂蜜和 2.5 g 全脂牛奶拌匀，再加入无糖可可粉继续搅拌至干粉消失，备用。

3. **调鸡蛋液**：先在中碗里将鸡蛋打成蛋液，再加入 75 g 全脂牛奶和香草精拌匀，备用。

4. **热锅**：以中高火加热不粘锅后转小火，放入无盐黄油、

素食者：可用椰奶或坚果奶代替全脂牛奶，用椰子油或玉米油代替无盐黄油，用 1 汤匙亚麻籽与 3 汤匙温水代替鸡蛋（需提前10 分钟用清水浸泡亚麻籽，以使其充分吸水）。

鸡蛋或牛奶过敏者：同上。

坚果过敏者：可用无糖椰丝代替花生仁。

麸质过敏者：可用无麸质面包代替全麦面包。

需要摄取更多的能量时：可把 4 片全麦面包片的其中一面都抹上黑巧克力酱或都粘满花生碎。

需要摄取更少的能量时：可省去黑巧克力酱或花生碎。

小贴士

1. 香草精若难以购买可省略，但食物成品的味道会稍逊。
2. 若椰子油非液态，将其放在碗里用微波炉以中高火加热 10 ~ 15 秒即可熔化。
3. 若提前一晚准备食材，则做好的花生碎需放入密封袋或密封盒中冷藏保存，做好的黑巧克力酱需放入密封盒中冷藏保存。冷藏后的黑巧克力酱在使用前需用微波炉以中高火加热 15 秒左右。
4. 建议选用厚度为 0.5 ~ 1 cm 且开封 3 ~ 4 天后已经变干的全麦面包片。新鲜的全麦面包片比较柔软，吸收鸡蛋液后会变得过于软烂，容易在拿起时断裂。若只有新鲜的全麦面包片，则可以用煎锅或烤箱将其烤制片刻，再进行后续操作。
5. 鸡蛋和全脂牛奶需保持室温，如刚从冰箱拿出的鸡蛋和全脂牛奶可用热水泡 5 ~ 10 分钟以回温（牛奶倒入容器中隔水浸泡）。
6. 建议将鸡蛋的蛋白与蛋黄分离，只选用蛋黄调制鸡蛋液，因为这样调出的鸡蛋液比用全蛋调出的鸡蛋液口感更好。

直至其熔化并均匀覆盖锅底。

★ 不可将无盐黄油加热至冒烟，否则易将香蕉片煎煳。

5. **煎香蕉片**：香蕉剥皮后切为厚 0.5 cm 的香蕉片，然后将其均匀地放入不粘锅中，转中小火煎 5 分钟左右，直至其整体变得略微透明且中心呈黑褐色；将香蕉片翻面，继续煎 5 分钟左右，直至其两面都变为金黄色，盛盘备用。

★ 香蕉片不可煎至完全透明，否则会过于软烂且不成形。

★ 关火后，如果香蕉片没被煎煳，则不必洗锅，继续煎全麦面包片即可。

6. **做三明治**：先分别将两片全麦面包片的其中一面抹上做好的黑巧克力酱，铺上煎好的香蕉片，再分别盖上剩余的两片全麦面包片，制成两个三明治，然后将二者一同放至烤盘中。

7. **浸泡三明治**：将调好的鸡蛋液倒入烤盘，让两个三明治的底部在鸡蛋液中浸泡 20 ~ 30 秒，然后分别将其翻面，继续浸泡 20 ~ 30 秒。

★ 翻面时，勿让香蕉片漏出。

8. **加工三明治**：将一个干净的案板放至烤盘旁边，逐一拿起浸泡完成的三明治抖几下，以控出多余的鸡蛋液，然后分别将其放到装花生碎的盘子中轻轻按压，让它们的一面粘满花生碎，随后放至准备好的案板上。

9. **煎三明治**：以中火加热不粘锅至无盐黄油不冒烟的程度，将两个三明治粘满花生碎的一面朝下，放到锅里煎 3 ~ 4 分钟，直至其底部变成金黄色后翻面；继续煎 3 分钟左右，直至其两面都呈金黄色，即可盛出。

10. 用刀沿两个三明治的对角线将其切开，趁热食用。

减脂课堂

减脂者可以食用花生酱吗？

自从开始减脂后，很多人就不再食用花生酱，因为花生酱是高能量食物，被普遍认为会使人发胖。在饮食上片面追求摄取较低的能量是减脂新手极易走入的误区，他们通常认为只有食用水煮食物才有助于减脂，但这样不仅容易导致营养不良，使人变成体重低但体脂高的"瘦胖子"，还容易导致体重反弹到减脂之前甚至更高的水平。你应把关注的重点从食物能量的高低转移到其营养价值的高低上，食用营养价值高且能量适中的食物。例如，你若在食用有花生酱的食物后发胖了，并不一定是因为该食物中含有花生酱，还可能是因为该食物中缺乏某种关键营养素或总能量超标。所以，减脂者并非绝对不能食用花生酱。

花生酱的益处很多，例如花生酱中含有较多 ω-6 脂肪酸，适合 ω-6 脂肪酸摄取不足的人（如过于重视饮食健康而只食用 ω-3 脂肪酸含量较高的食物的人）；又如花生酱中的维生素和矿物质有助于维持人体生殖系统的健康，适合因减脂而月经不调的人；再如花生酱等坚果酱比整粒的坚果更易消化，适合肠胃功能较弱的人。

推荐选择配料里只有花生而无糖、无盐和无食用油的花生酱。不过，配料里有少量棕榈油、蔗糖和海盐的花生酱与无添加的花生酱的单位能量几乎相等，因此完全不能接受无糖无盐口味的人可以选择这种花生酱。

减脂者可以食用水果吗？

减脂者在饮食中应以水果为辅，保证每天都食用适量的水果，但不可依靠食用水果餐来减脂。在食用水果的同时摄取碳水化合物、脂肪和蛋白质，例如搭配酸奶等蛋白质含量高的食物同食，可避免激发更强烈的食欲。酸甜口味的水果尤其适合搭配主食食用。

人经过一夜的睡眠后，体内的糖原会基本耗尽，因为人在晚上睡觉时主要依靠糖原供能，所以早晨起床后，人体的糖原水平较低，这时补充一些水果有助于体内糖原的合成，可避免引发糖异生而消耗肌肉。因此，早晨推荐食用维生素 C 含量高且果糖、葡萄糖和蔗糖含量比较均衡的水果，如橙子、草莓或猕猴桃。

在运动后，尤其是在高强度的力量训练或爆发力训练后，人体内的肌糖原消耗量会很大，此时应补充一些葡萄糖含量高的水果，如香蕉、葡萄、樱桃或鲜枣，这样既有助于肌糖原水平迅速恢复，又有利于增加瘦体重。此外，水果中的钾也有助于肌肉在疲劳后的恢复，而含钾的水果有香蕉、葡萄、樱桃和鲜枣等。

以上推荐的水果可根据个人肠胃的实际情况进行灵活选择。注意，每种水果都并非只能在早晨或运动后食用。

肠胃功能较弱的人尽量食用去皮的水果，也可以将水果蒸熟、煮熟或烤熟后食用。

苹果酱红薯泥全麦薄饼

份数：2 份 | 准备时间：55 分钟 | 制作时间：10 分钟

每份				
能量 （kcal）	膳食纤维 （g）	蛋白质 （g）	脂肪 （g）	净碳水化合物 （g）
211	4.5	5.1	3.5	39.6

　　这款美食的饼皮酥脆，苹果酱酸甜，红薯泥软糯，入口味道丰富，味美可口，而且营养价值高于精制面饼，富含多种 B 族维生素和有利于控制血糖水平的膳食纤维，可以让喜爱面食的人在减脂时也无须放弃所爱。其中，全麦薄饼的全麦粉含量为 50%，较易为大众所接受。在制作这道主食时，将全麦粉提前浸泡有助于激发面粉中天然的麦香味，减少全麦本身的苦味，并改善口感，有助于肠胃消化，因而这种方法适合初次接触全麦食物的减脂新手；在红薯泥中加入一点儿无盐黄油，这样除了能增加红薯的香甜之外，还能刺激人体内生长激素的分泌，提高新陈代谢水平，以及补充维生素 A 和维生素 D。

全麦薄饼部分		橄榄油	2.5 g	苹果酱部分	
全麦粉	30 g	**红薯泥部分**		苹果	1 个（小）
中筋面粉	30 g	熟红薯	90 g	肉桂粉	$1/8$ 茶匙
全脂牛奶	30 g	无盐黄油（软化状）	6 g	香草精	$1/4$ 茶匙
清水	14 g	海盐	$1/8$ 茶匙	红糖	5 g
海盐	$1/4$ 茶匙	葡萄干（选用）	5 g	淀粉	$1/4$ 茶匙

1. **浸泡全麦粉**：在中碗里倒入全脂牛奶，将其用微波炉加热 30 ~ 40 秒，直至其表面冒出热气（约 60 ℃）；将全麦粉倒入全脂牛奶中搅拌至干粉消失，使其呈面糊状但不成团，然后覆盖保鲜膜，室温静置 30 分钟以上。

2. **做面团**：先将清水加热至 60 ℃，再在盛面糊的碗里依次加入 $1/4$ 茶匙海盐、橄榄油和中筋面粉，然后用手在中筋面粉的表面挖一个小坑，倒入少许刚加热好的热水，并用筷子搅拌几下，重复此动作至全部热水都被加入其中。

3. **和面**：用手将面团和匀至干粉消失。
★ 全麦薄饼好吃的关键一：和好后的面团应非常湿黏，这样才不会在加热后过于干硬。

4. **醒面**：将手打湿以防粘手，先将面团压平后对折 4 ~ 5 次，再把面团拢圆，放到碗里并覆盖保鲜膜，室温静置 20 ~ 30 分钟。
★ 全麦薄饼好吃的关键二：充分醒面以提高其筋度。

5. **整形**：取出面团，再次将其压平后对折，并重复多次，最终将其拢圆并平均分成两个剂子；在案板上撒一些面粉（原料用量外）用于防粘，将两个剂子拢圆、滚圆；在两个剂子的表面撒一些面粉（原料用量外），覆盖保鲜膜，室温静置 10 分钟。

6. **擀饼皮**：再次在两个剂子的表面撒一些面粉（原料用量

> 需要摄取更多的能量时：可用 2 张全麦薄饼夹一层苹果酱。不建议摄取更少的能量。

小贴士

1. 若使用冷藏的无盐黄油，将其放在小碗里用微波炉加热 30 秒即可软化。

2. 若时间紧迫，可用花生酱或红豆沙代替压成泥的热红薯。

3. 本食谱使用的全麦粉与中筋面粉的蛋白质含量分别为 14% 与 11.7%。若你使用的面粉的蛋白质含量与以上二者相差超过 1%，则需根据实际情况适当增减用水量。

外）用于防粘，然后分别将其按扁，并依次用擀面杖将其从中心向外擀成直径 17 ~ 19 cm、厚 1 mm 的圆形饼皮。

★ 如果剂子在擀的过程中回缩严重，可再室温静置 10 分钟。

★ 全麦薄饼好吃的关键三：饼皮不能太厚，应尽量擀薄。

7. **烙饼**：在一个竹筐内铺上一层棉布或毛巾，备用；将不粘锅热透至微微冒烟，直接放入一张擀好的饼皮，转中高火烙 40 秒左右，当饼皮表面开始起小泡时翻面。

★ 全麦薄饼好吃的关键四：锅应热透后再烙饼。

8. 将饼皮继续烙 30 秒左右，直至其两面都变为金黄色，取出后放入竹筐，用布覆盖；继续用同样的方法烙好另一张全麦薄饼。

★ 全麦薄饼好吃的关键五：烙饼时间不可过长，否则饼会变干硬。

★ 用布覆盖全麦薄饼是为了防止其风干变硬。

9. **做红薯泥和苹果酱**：先将苹果去皮后切为 1 ~ 1.5 cm 见方的小丁，再将熟红薯压成泥，然后分别在不同的小碗里把红薯泥部分和苹果酱部分的所有食材拌匀，备用；在盛苹果酱的碗上覆盖一张湿的厨房纸巾，将其放入微波炉以高火加热 2 ~ 3 分钟，直至苹果丁变软且呈透明状。

★ 若红薯泥太稠，可加入适量全脂牛奶搅拌以稀释。

10. 分别将两张全麦薄饼的一半均匀地抹上红薯泥，再在红薯泥上铺匀苹果酱，然后将两张全麦薄饼对折。

11. **煎饼**：不粘锅热后，加入适量无盐黄油（原料用量外）以防粘锅，把制作完成的两张全麦薄饼分别放入锅中，正反两面各煎 2 分钟左右即可。

食材课堂：面粉

小麦的分类

在生活中，人们常用的面粉是小麦粉，而全麦粉是小麦粉的其中一种。小麦粉中的"小麦"指面粉的原材料，只要是小麦制成的面粉都能称为小麦粉。所以，无论是全麦粉还是精白面粉，其配料表中都会写小麦，而与之区别的是黑麦粉、荞麦粉和燕麦粉等。图1-4是小麦的分类导图。

图 1-4 小麦的分类

在普通小麦中，硬冬红小麦的筋度中等，蛋白质平均含量为 10.5%；硬冬白小麦的筋度和蛋白质平均含量与硬冬红小麦相同，不过颜色较浅，味道更好；硬春红小麦的筋度高，蛋白质平均含量为 13.5%；软冬红小麦的筋度低；软春白小麦的筋度也低，不过味道略甜。杜兰小麦的筋度最高，硬度最大，蛋白质含量为 12.5% ~ 17%。中国的新疆和甘肃等西北地区的小麦与杜兰小麦的筋度类似。

在硬小麦中，硬春小麦只可用于制作高筋面粉，硬冬小麦既可用于制作高筋面粉，也可用于制作中筋面粉；所有的软小麦均只可用于制作低筋面粉；杜兰小麦通常用于制作意大利面。

以上只是小麦的粗略分类，其中还有很多细分的品种，但对日常烹饪的意义不大，因此略过。

常见面粉的分类

图1-5是常见面粉的分类，但由于目前市面上各个牌子的面粉名称不统一，因此仅可作为参考。

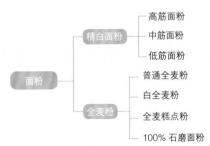

图 1-5 常见面粉的分类

常见的面粉大致可分为精白面粉和全麦粉。

精白面粉分为高筋面粉、中筋面粉和低筋面粉，区分这三者最简单的办法是看它们的营养成分表中的蛋白质含量，例如营养成分表中显示每 100 g 面粉含有 14 g 蛋白质，就表示这种面粉的蛋白质含量是 14%。面粉的蛋白质含量越高，越容易出筋，吸水量越多，制作出来的面食越筋道；面粉的蛋白质含量越低，越不容易出筋，吸水量越少，制作出来的面食越松软。高筋面粉的蛋白质含量为 11.5% 以上，通常用于制作面包；中筋面粉的蛋白质含量为 11% 左右，通常用于制作饺子、包子和面条等；低筋面粉的蛋白质含量为 8.5% 以下，通常用于制作蛋糕。

全麦粉是减脂者最为关注的面粉。全麦粉保留了小麦的胚芽和麦麸，富含更多膳食纤维和其他营养素；大致呈淡黄棕色，不过不同品牌的全麦粉颜色差异较大；质地粗糙，存在明显的麦麸渣。

全麦粉与精白面粉的味道有较大差异，全麦粉的麦香浓郁，略有苦味，适合偏爱较粗糙的全麦口感的人或肠胃功能正常的人食用。制作全麦粉的过程并不是把研磨后的小麦直接进行包装，而是在磨好小麦后，先筛掉其中的麸皮和胚芽，再按各公司的配比标准将二者重新加回至小麦粉中。因此，即便是用同样的小麦磨出的全麦粉，不同公司生产的全麦粉的质地和吸水性也可能大相径庭。

全麦粉可分为普通全麦粉、白全麦粉、全麦糕点粉和 100% 石磨面粉，前三者的蛋白质含量依次为 14.0%、13.0% 和 9.0%。

白全麦粉不是全麦粉与精白面粉的混合面粉，而是 100% 的全麦粉，与普通全麦粉具有同样的营养价值。它与普通全麦粉的区别是所用小麦的种类不同——白全麦粉原料是白小麦，普通全麦粉的原料是红小麦。白全麦粉的筋度较低，口感更柔和，苦涩味淡，成品颜色浅于普通全麦粉，适合初次接触全麦粉的人食用；普通全麦粉则适合偏爱较浓的全麦味道的人食用。白全麦粉和普通全麦粉可以用 1 ∶ 1 的比例互相替换。注意，若面粉包装上未特别标明"白全麦粉"，只写"全麦粉"，则为普通全麦粉。国内的面粉品牌有时把普通全麦粉叫作高筋全麦粉，白全麦粉叫作低筋全麦粉。全麦糕点粉可以代替低筋面粉来制作松饼、饼干和蛋糕等。100% 石磨面粉是用石磨加工出来的面粉，没有经过重新配比，是原比例的小麦粉。

注意，全麦面包粉是一个易让人误解的名字。全麦面包粉是添加了一些常用于制作面包的其他食材的全麦粉，如酵母粉、淀粉、麦芽糖和谷元粉等，它们有助于面粉出筋。因此，你如果想制作全麦面包，只需把全麦粉按一定的比例混入面包粉中即可，不必购买专门的全麦面包粉。

购买建议

◇ 精白面粉的颜色不是越白越好。中筋面粉和高筋面粉的正常颜色是自然的淡乳白色，过白的精白面粉可能经过了漂白。一般而言，经过漂白的精白面粉的包装上不会有"经过漂白"

的字样，但未经漂白的精白面粉的包装上则会有"未经漂白"的字样，所以在购买精白面粉时，应选择包装上标有"未经漂白"的字样的精白面粉。

◇ 不是越粗糙的面粉越有利于减脂。应根据个人的消化能力决定所购面粉的粗糙程度——肠胃功能正常但体重超标的人可以购买较粗糙的全麦粉；肠胃功能弱且贫血的人食用精白面粉就如同肠胃健康的人食用全麦粉一样难以消化，所以日常购买的面粉应以精白面粉为主，以全麦粉为辅。

◇ 推荐购买配料表中只有小麦而无其他食品添加剂的全麦粉。

◇ 全麦粉等杂粮粉的脂肪含量高，易变质，因此不要购买即将到达保质期的全麦粉，且购买后应冷藏储存。

使用建议

◇ 个人使用的面粉应尽量与食谱中的面粉相一致。若不一致，则需进行适当的调整。方法有二，一是根据二种面粉的蛋白质含量的差异而增减用水量。如果个人使用的面粉与食谱中的面粉的蛋白质含量相差在 1% 之内，则无须增减用水量；如果相差超过 1%，则需根据实际情况适当增减用水量。例如，本书中苹果酱红薯泥全麦薄饼的食谱所用的是蛋白质含量为 11.7% 的中筋面粉和蛋白质含量为 14% 的全麦粉，如果你使用的是蛋白质含量为 9% 的两种面粉，就需减少用水量，否则和出的面会很稀。二是尝试改变面粉的种类。例如，若暂时没有中筋面粉，但有低筋面粉和高筋面粉，则可将二者各取一半混合为中筋面粉；若需要 100 g 中筋面粉，则可将 50 g 低筋面粉与 50 g 高筋面粉混合为中筋面粉。虽然混合后的面粉不可能与所需的面粉完全一样，但二者制作出的成品已比较接近。

◇ 减脂新手不要用以下粉类替换食谱中的原面粉：100% 石磨面粉、黑麦粉、荞麦粉、莜麦粉、豆粉、米粉、苦荞粉和青稞粉。

◇ 全麦粉的粗细程度非常重要。如果全麦粉中含有明显的粗渣滓，吸水量就会增多，则需要相应地多加水。如果想去除粗渣滓，可以把全麦粉过筛 1 ~ 2 次。

◇ 蛋白质质量与蛋白质含量同样重要。这涉及面粉灰分的相关内容，不过与人们日常使用的面粉关系不大，因此这里不做深入介绍。

鲜味南瓜能量炒饭

份数：1份 | 准备时间：10分钟 | 制作时间：35 ~ 45分钟

能量 （kcal）	膳食纤维 （g）	蛋白质 （g）	脂肪 （g）	净碳水化合物 （g）
525	14	18.4	28.6	56

这道鲜味南瓜能量炒饭不仅营养丰富，味道还无比鲜美。对，就是鲜！这里面有细嫩的水煮蛋和咸鲜的裙带菜，只需加入一点儿酱油，这些天然食物的鲜美味道就会提升到新的层次。此外，软糯香甜的南瓜、用香油炒过的碗豆苗和酥香的坚果仁也使得这道炒饭的口感更加丰富。

米饭	100 g	黑胡椒粉	¹⁄₈ 茶匙	酱油	1 汤匙
南瓜	200 g	裙带菜	3 g（干重）	烤葵花子和烤核桃仁	20 g
橄榄油	3 g	香油	2 g	水煮蛋	1 枚
海盐	¹⁄₈ 茶匙	豌豆苗	100 g	牛油果	¹⁄₄ 个

1. **备菜**：裙带菜浸泡10分钟左右后切段；南瓜去皮后切为1 cm见方的小块；豌豆苗切段；水煮蛋对半切开；牛油果切小块。

2. **烤南瓜**：烤箱预热至200 ℃，烤盘铺上油纸或硅胶垫；将南瓜块均匀地抹上橄榄油，撒上海盐和黑胡椒粉，放入烤盘，用烤箱烤制20 ~ 30分钟，直至其变软。

3. **炒饭**：不粘锅热后，先放入香油和豌豆苗段翻炒1分钟，再倒入酱油，翻炒2 ~ 3分钟，直至豌豆苗段软化，盛盘备用；在锅里放入裙带菜段、米饭、烤葵花子和烤核桃仁翻炒2分钟左右，直至葵花子和核桃仁的香味四溢。

4. **组装**：将炒好的米饭和豌豆苗段、烤好的南瓜块、对半切开的水煮蛋和牛油果块倒入碗里拌匀，尝味后依口味喜好酌情加入适量酱油或海盐（原料用量外）调味。

坚果过敏者：可用豆制品代替烤葵花子和烤核桃仁。
需要摄取更多的能量时：可适当增加牛油果的用量。
需要摄取更少的能量时：可适当减少南瓜的用量。

食材课堂：南瓜

常见的南瓜品种

图 1-6 中为 3 种常见的南瓜。

其左侧为奶油南瓜，水分含量高，瓜肉呈明显的纤维丝状，淀粉含量低于日本南瓜，味道清甜，适合烤制后食用。

其中间为橡果南瓜，水分含量高，硬度适中，味道清甜。

其右侧为鱼翅瓜，也叫作金丝瓜，淀粉含量最低，成熟后的瓜肉呈粉丝状，常被需要控制碳水化合物摄取量的人当作面条食用。

食用建议

◇ 建议食用新鲜、应季且产自本地的南瓜。

◇ 大部分南瓜的水分含量高，但所含能量低于同等重量的土豆和红薯，因此应视作蔬菜而非主食。口感像板栗一样软糯的南瓜，如日本南瓜和贝贝南瓜等，水分含量相对较低，可像薯类一样替换主食，且替换量可与薯类相同。

◇ 因节食而导致肠胃易胀气的人仅可食用少量削皮后的南瓜。人在食用南瓜后如果出现胃肠胀气、放屁增多或腹泻等症状，可改为食用少量土豆、山药或芋头。

图 1-6　常见的南瓜

孜然鸡肉焖饭

份数：4 份 | 准备时间：20 分钟 | 制作时间：20 分钟

能量 （kcal）	膳食纤维 （g）	蛋白质 （g）	脂肪 （g）	净碳水化合物 （g）
304	2.6	29.8	4.1	37.5

　　这是一款粗细粮搭配的焖饭，非常适合在运动后食用。其中，土豆是健身人群的理想食物，因为土豆中的蛋白质为完全蛋白质，赖氨酸和色氨酸的含量较高，而这两种氨基酸又恰好为其他粮食所缺乏，所以将"土豆 + 其他粮食"作为主食可以提高食物整体的营养价值，优化人体摄取的碳水化合物、脂肪和蛋白质的配比。

米饭部分

大米	150 g
清水	230 g

腌鸡肉部分

鸡胸肉（或鸡腿肉）	400 g
黑胡椒粉	$^1/_4$ 茶匙

白胡椒粉	$^1/_8$ 茶匙
海盐	$^1/_4$ 茶匙

其他食材

紫洋葱	$^1/_2$ 个
蒜	5 个（中）
青椒（或红甜椒）	1 个

土豆	1 个（小）
酱油	2 汤匙
孜然粉	2 茶匙
香菜	10 g
孜然粒	适量

1. **备菜**：提前 20 分钟将大米泡入清水中；鸡胸肉切为 1 cm 见方的小块；紫洋葱切小块；蒜切片；青椒切小丁；土豆削皮后切小丁；香菜切碎。

★ 经过浸泡的大米可以熟得更均匀，而未浸泡的大米易出现夹生的情况。

2. **腌鸡肉**：将腌鸡肉部分的所有食材混匀，备用。

3. **煎肉**：不粘锅热后，以薄油覆盖锅底，放入紫洋葱块和蒜片煎出香味，然后将它们移至锅中的一侧；放入鸡胸肉块，待其底部煎至白色后，再将锅中的所有食材翻炒均匀。

4. **焖饭**：在鸡胸肉块全部变色后，加入土豆丁、青椒丁、

素食者：可用压去水分的北豆腐代替鸡胸肉。

需要摄取更多的能量时：可用鸡腿肉代替鸡胸肉，并增加大米的用量。

需要摄取更少的能量时：可减少大米的用量。

小贴士

1. 长粒大米需比短粒大米多煮5分钟左右。理论上，长粒大米的升糖速度略慢于短粒大米，且长粒大米的口感介于短粒大米和糙米之间。除大米和糙米可混合食用外，大米和藜麦也可混合食用，而且还可加入荞麦等。总之，建议将煮熟时间相近的杂粮混合食用，从而做到粗细结合。

2. 若出现米饭煳底的情况，原因可能是水量过少或火力过大。

酱油和孜然粉翻炒均匀；将大米和浸泡它的水一同倒入锅中，翻炒均匀后盖上锅盖；水煮开后，转最小火焖15～20分钟，中途偶尔翻拌以免粘锅；大米煮软后关火。

★ 水量以没过全部食材为宜。若水量过少，可适量增加；若水量过多，可大火收汁。

5. 调味：焖饭出锅后，撒上香菜碎和孜然粒，尝味后依口味喜好酌情加入适量海盐（或酱油）和黑胡椒粉（原料用量外）调味。

食材课堂：糙米和大米

认识糙米和大米

表 1-3 总结了糙米和大米在烹饪时间、烹饪前后的状态、用途及适用人群这几方面的主要区别，可以帮助你对糙米和大米形成更直观的整体认识。

表 1-3　糙米和大米的区别

米的品种		烹饪时间（用煤气灶）	烹饪前的状态	烹饪后的状态	用途	肠胃功能弱、身形瘦弱的人	肠胃功能正常、体重超标想减重或体重正常想减脂的人
糙米	长粒	50 分钟	· 棕黄色 · 细长粒 · 长条形	· 粒粒分明 · 略蓬松 · 有嚼劲 · 有淡香味	· 做米饭 · 煮粥 · 烘焙		✔
	中粒	45 ~ 50 分钟	· 棕黄色 · 较短粒 · 椭圆形	· 比长粒糙米黏性大 · 蓬松 · 有嚼劲	· 做米饭 · 煮粥 · 烘焙 · 做发芽糙米		✔
	短粒	45 ~ 50 分钟	· 棕黄色 · 短粒 · 几乎呈圆形	· 在糙米中最有黏性 · 能煮开花 · 成团状 · 略有嚼劲	· 做米饭 · 煮粥 · 烘焙 · 做发芽糙米	✔	✔
大米	长粒	20 分钟	· 白色 · 细长粒 · 长条形	· 粒粒分明 · 蓬松 · 略有嚼劲 · 有特殊香味（如泰国香米和印度香米）	· 做米饭 · 煮粥	✔	✔
	中粒	18 分钟	· 白色 · 较短粒 · 椭圆形	· 有黏性 · 成团状 · 较软	· 做米饭 · 煮粥	✔	
	短粒	15 分钟	· 白色 · 短粒 · 几乎呈圆形	· 比中粒大米黏性大 · 比糯米黏性小 · 成团状 · 软	· 做米饭 · 煮粥 · 做寿司	✔	

表格说明：

· 表中右侧两栏表示不同种类的米是否推荐对应人群食用。注意，未画钩不代表对应人群绝对不能食用这种米。

· 表中推荐肠胃功能弱、身形瘦弱的人食用短粒糙米，意为相应人群可以先食用少量提前浸泡过的、烹饪至软烂的短粒糙米，如果食用后未产生不适，则可以交替食用短粒糙米与大米。

· 虽然米的种类极其丰富，但五常米和泰国香米等都可以归类至上表中，你选择自己喜欢且方便购买的品种即可。简单而言,煮熟后越黏软的米,升糖速度相对越快。

· 大米的脂肪和膳食纤维含量比糙米低,具体的食用量依个人的能量需求决定即可。

· 中粒糙米与长粒糙米见图1-7。

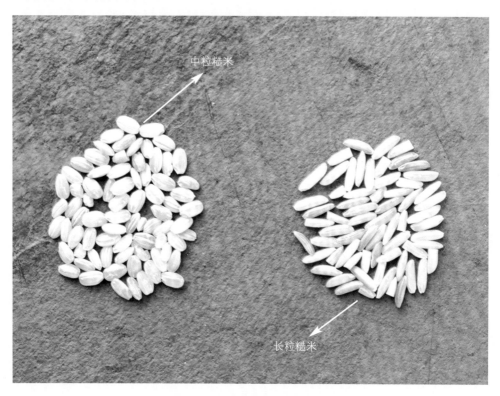

中粒糙米

长粒糙米

图1-7 中粒糙米和长粒糙米

食用建议

◇ 在正常情况下(包括减脂期),推荐交替食用或混合食用糙米和大米。突然只食用粗粮确实能产生快速减重的效果,但长期(以年为单位)来看,其减脂效果会逐渐变差,并具有明显的副作用。再者,一辈子只食用粗粮而拒食精制米面也并不现实。而且,你若长期单一食用粗粮,或者甚至拒食所有谷物,一旦再次碰到精制米面,生理和精神会同时崩溃,被压抑的食欲将像山洪暴发一般不可控制。

购买建议

◇ 所购的米应符合个人的消化能力,具体建议见表1-3。

◇ 不推荐购买速食米,因为这种米的口感和味道都不理想。

◇ 建议将糙米和大米在家中各准备一个品种。

◇ 尽量购买小包装的、非散装的米。

◇ 遵循新鲜、应季和产自本地的购买原则。不要盲目地认为进口米一定营养高、质量好。

糙米的加工建议

糙米的优点是加工程度低，比大米含有更多的维生素、矿物质和纤维素；缺点是蛋白质质量偏低，氨基酸的含量和比例不合理，营养价值低于动物蛋白。糙米中含有膳食纤维、抗营养因子和抗性淀粉，加工方式不当会降低人体对它的营养吸收率，导致人即便食用了足量的糙米，也无法吸收足够的营养。以下方法有助于弥补糙米的短处，并发挥其长处。

◇ 加热会使糙米中的 B 族维生素和矿物质有所损失，所以糙米适合与富含 B 族维生素和矿物质的瘦肉、蛋黄、动物肝脏、鱼类、豆类和花生等食物同食。

◇ 能提高人体对糙米中矿物质的吸收率的推荐搭配：蒜、洋葱、维生素 C 含量高的食物（如青椒、甜椒、橙子、草莓、山楂和西蓝花）、维生素 A 和胡萝卜素含量高的食物（如橙红色蔬菜和深绿色叶菜）、钙含量高的食物（如深绿色叶菜和牛奶、酸奶、奶酪等奶制品）、维生素 D 含量高的食物（如鸡蛋、鱼类和奶制品）、发酵食物（如酸奶和乳酸发酵的泡菜）和含矿物质的汤（如鸡汤和蔬菜汤）。

◇ 能提高糙米的蛋白质质量和吸收率的食物组合：糙米（赖氨酸含量低）＋肉类／蛋类／奶制品（赖氨酸含量高），糙米（赖氨酸含量低）＋豆类（赖氨酸含量高），糙米（赖氨酸含量低）＋菌类（赖氨酸含量高），糙米（赖氨酸含量低）＋菠菜／豌豆苗／豇豆／韭菜（赖氨酸含量高），糙米（赖氨酸含量低）＋花生／核桃／杏仁／芝麻／榛子（赖氨酸含量高）。

泡菜金枪鱼卷饼

份数：2 份 | 准备时间：5 分钟 | 制作时间：1 分钟

能量 （kcal）	膳食纤维 （g）	蛋白质 （g）	脂肪 （g）	净碳水化合物 （g）
154	2	14	2	19.5

　　这道泡菜金枪鱼卷饼能在短时间内制作完成，并为你带来身体和精神上的双重满足。全麦薄饼裹着柔滑的酱汁、软嫩的鱼肉、鲜脆的泡菜和酸黄瓜，只需咬上一口，就能体验到不同食材的口感完美融合在一起的奇妙感受。其中，金枪鱼富含优质蛋白，易于消化，有助于人体产生饱腹感，而且所含的 ω-3 脂肪酸还能缓解运动后的炎症反应；以乳酸发酵的韩国泡菜和希腊酸奶含有益生菌，可促进消化；全麦薄饼为粗粮细作，有利于控制血糖水平，并为人体所摄取的多不饱和脂肪酸（如金枪鱼中的 ω-3 脂肪酸）提供必需的维生素 E。此外，如果你选择自制全麦薄饼，还可以在面团中加入一些小麦胚芽，以提高其营养价值。

金枪鱼部分

无盐水浸金枪鱼	70 g
香葱	1 根
白醋	9 g
黑胡椒粉	略少于 $^1/_8$ 茶匙

海盐	$^1/_8$ 茶匙
酸黄瓜	12 g
韩国泡菜汤汁	6 g

其他部分

全麦薄饼（参见第 31～32 页）2 张

原味希腊酸奶	33 g
生菜叶	2～3 片
韩国泡菜	15 g

1. **金枪鱼调味**：香葱切细葱花；酸黄瓜切小粒；韩国泡菜切小块；在碗里将金枪鱼部分的所有食材拌匀。

2. **卷饼**：在两张全麦薄饼上分别铺好生菜叶，倒上原味希腊酸奶，再放上拌好的金枪鱼和韩国泡菜，卷起即可。

小贴士

1. 若购买全麦薄饼，应选择配料最少的品种。

素食者：可用丹贝或压去水分的北豆腐代替金枪鱼（需多加 $^1/_2$ 茶匙橄榄油调味）。
海鲜过敏者：同上。
需要摄取更多的能量时：可在全麦薄饼中加入 $^1/_2$ 个牛油果。
需要摄取更少的能量时：可直接将拌好的金枪鱼搭配沙拉食用。

食材课堂：酸奶

购买建议

冷藏酸奶 VS 常温酸奶

推荐购买冷藏酸奶。冷藏酸奶中的益生菌存活率较高，而大部分常温酸奶是调味乳酸菌饮品，能量高且营养价值低。

冷藏酸奶按照蛋白质含量不同可分为普通酸奶和希腊酸奶，按口味不同可分为原味酸奶和调味酸奶。

全脂酸奶 VS 低脂 / 脱脂酸奶

一般推荐购买全脂酸奶，因为全脂酸奶中含有更多的脂溶性维生素。

普通酸奶 VS 希腊酸奶

根据个人喜好选择这两种酸奶即可，也可将这两种酸奶交替饮用。

普通酸奶最为常见。酸奶的瓶身若未标明"希腊酸奶"，则为普通酸奶。普通酸奶适合作为零食直接饮用，偏爱冷冻食物的人也可以将其冷冻后食用。推荐购买配料表中仅有 A 级巴氏灭菌全脂牛奶和发酵菌种的普通酸奶。

希腊酸奶为浓缩酸奶，乳清含量较低，蛋白质含量远高于普通酸奶，质地浓稠。希腊酸奶同样适合作为零食直接饮用，也可做成沙拉酱后抹在面包上食用。推荐购买配料表中仅有 A 级巴氏灭菌全脂牛奶和发酵菌种的希腊酸奶。

原味酸奶 VS 调味酸奶

推荐购买配料表中仅有牛奶和发酵菌种的原味酸奶，而不推荐购买瓶身标注"原味酸奶"但配料表中有白砂糖的所谓"原味酸奶"。

调味酸奶的能量高且食品添加剂多，因此不推荐购买配料表中有白砂糖、木糖醇、炼乳、奶粉、果汁、香精、奶油、明胶、琼脂、稳定剂、增稠剂、复原乳或其他食品添加剂的调味酸奶。

调味酸奶可用原味酸奶与水果自行调制。

素食酸奶

素食酸奶是素食人群的专属食品，一般用杏仁奶、腰果奶和椰奶制成。

素食酸奶的味道比用牛奶制作的酸奶更清淡。

购买小贴士

◇ 看配料。购买酸奶时首先要看配料表，如果配料表中不是只有牛奶（或生牛乳）与发酵菌种，还有一些食品添加剂，即使其包装上标有"轻食""健康"或"天然"等字样，也不推荐购买。

◇ 看菌种。市面上绝大多数的酸奶都含有2种必备菌种，即嗜热链球菌和保加利亚乳杆菌。

有些酸奶的包装上标有"含双歧杆菌，能促进肠道健康"的宣传语，或标有各个菌种的含量，但真正重要的是酸奶在经过运输和冷藏后还含有多少"活"菌。酸奶的存放时间越长，存放温度越高，其中的活性菌越少。自制酸奶的活性菌含量一般较高。

◇ 看生产日期和奶源。推荐购买距生产日期最近的、本地知名品牌的酸奶，从而尽可能地保证其新鲜度，并降低运输过程和冷链储存环节中出现问题的可能性。注意，酸奶的存放时间越长，维生素损耗越多。

无油饮食能实现健康减脂吗？

人一定要摄取足量的脂肪。导致肥胖的主要原因有二：一是未控制好脂肪的摄取种类和摄取量，二是摄取了以不恰当的方式加工后的脂肪。

▶在减脂方面，人们对脂肪通常有两种截然相反的观点：一种观点是提倡无油饮食，另一种观点则是提倡高脂低碳饮食。

很明显，第一种观点是错误的。如果食用含油的食物就会发胖，无油饮食就能减脂，那么很多减脂者就不会减脂失败。在节食时严格限制甚至完全杜绝脂肪的摄取是很常见但极不可取的行为，例如拒绝食用红肉等肉类，烹饪时完全不加入食用油和只食用"零油"的食物。实际上，并不是只有食用能量极低的食物才能实现减脂，单个食物本身的能量高低并不能说明问题，重要的是饮食中整体的能量摄取。例如，番茄中1 g碳水化合物所含的能量和巧克力中1 g碳水化合物所含的能量相同，但很多人会认为番茄等健康食物的能量低，所以不限量地食用，这就是他们的体重居高不下的原因之一。所谓的高能量食物，如花生酱、果酱和黑巧克力等，只要其营养价值高且配料干净，就可以食用，重要的是控制食用的量；低能量食物即使再"干净"，不限量地食用也会过犹不及。

第二种观点较为复杂，后文会专门进行详细的分析。

总之，对待脂肪的态度不应走向极端。脂肪对人体非常重要，是实现健康减脂不可或缺的营养素。大多数人都需要将脂肪的摄取量控制在一个适中的范围内。脂肪摄取不足会导致月经不调或停经、不孕、健忘、虚胖和炎症，不利于人体对维生素A、维生素D、维生素E和维生素K的吸收，而缺乏这些维生素又会使身体产生连锁反应，例如出现畏光、皮疹、早衰、易骨折、免疫力下降、头发干枯和情绪化等症状。本章将介绍一些关于脂肪的知识，让你从原理上认识到脂肪对健康饮食的重要性，逐步加深对脂肪的了解。

深度
了解
脂类

脂类包括脂肪和类脂,是人体必不可少的重要物质。碳水化合物、脂肪和蛋白质合称三大产能营养素,其中脂肪以甘油三酯的形式存在于食物中,而甘油三酯的分子结构为甘油主链上连接着 3 个脂肪酸分子。脂肪包括植物脂肪和动物脂肪等;类脂包括磷脂和固醇类。

按照结构形式的不同,脂肪酸分为饱和脂肪酸与不饱和脂肪酸,不饱和脂肪酸又分为多不饱和脂肪酸、单不饱和脂肪酸与反式脂肪酸,具体可参见图 2-1。

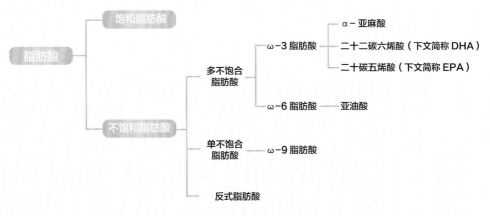

图 2-1　脂肪酸的分类

饱和脂肪酸含量高的油脂,如黄油、猪油、椰子油和可可脂,在室温下是固态,而不饱和脂肪酸含量高的油脂在室温下和低温下都是液态。在烘焙时,油脂只能在同类之间互相替换,即饱和脂肪酸之间或不饱和脂肪酸之间互相替换。例如,若用橄榄油替换黄油,二者会因在室温下的状态不同导致食物成品在口感上有所差异。

人体自身不能合成或合成速度远不能满足需要而必须从食物中摄取的脂肪酸被称为必需脂肪酸,如 α-亚麻酸和亚油酸。

人体内脂类的主要作用

提供和储存能量

脂肪属于高效供能物质，1 g 脂肪能产生 9 kcal 能量。同时，脂肪的重量轻，在人体内储存时不需要携带水分，而糖原在储存时需要携带水分，因此在同等重量下，脂肪可以在人体内储存更多的能量以防止饥饿，这是人类在生存过程中自然进化的结果。如果把体脂兑换成含相同能量的糖原，人的体重将会增加几十千克，导致行动严重受限。

构成人体细胞

细胞膜、线粒体膜、核膜和髓鞘中都含有脂类，磷脂和胆固醇是人体内生物膜的重要组成成分。

保持体温

在温度较低的水中游泳时，人会产生旺盛的食欲，其原因是人体想通过增加体脂来使体温保持在正常范围内。

维持多种生理功能的正常运行

胆汁、性激素和肾上腺素的合成都离不开胆固醇，体脂过少会使人体的免疫力下降，因此体内脂类的含量保持在正常范围内是维持多种生理功能正常运行的保证。女性由于自身的生理特点，天生比男性拥有更多的体脂，因此在实现大幅度的减脂后，其身体的反应会比男性更强烈，从而更易导致激素分泌紊乱，如出现月经不调。

膳食脂肪的主要作用

为人体提供必需脂肪酸

必需脂肪酸只能从食物中摄取。图2-2中是 α-亚麻酸与亚油酸含量较高的食物，由此可知二者在亚麻籽油中的含量最为均衡。

必需脂肪酸可以降低血液中的胆固醇水平，提高免疫力，并促进人体对蛋白质、维生素和矿物质的吸收和利用。当人体缺乏必需脂肪酸时，胆固醇会与一些饱和脂肪酸结合，从而导致代谢障碍，增加心血管疾病的发病概率。

α-亚麻酸含量较高的食物（每100 g可食部分的含量）

亚麻籽油 (34 g)
菜籽油 (8 g)
大豆油 (6 g)
葵花子油 (4 g)
松子 (7 g)
干核桃 (7 g)

亚油酸含量较高的食物（每100 g可食部分的含量）

亚麻籽油 (36 g)
大豆油 (49 g)
香油 (44 g)
葵花子油 (38 g)
花生油 (36 g)
葵花子 (39 g)
干核桃 (36 g)
西瓜子 (34 g)
榛子 (24 g)
芝麻酱 (24 g)
松子 (23 g)

图 2-2　α-亚麻酸与亚油酸含量较高的食物

促进脂溶性维生素的吸收

脂溶性维生素包括维生素 A、维生素 D、维生素 E 和维生素 K，而膳食脂肪能促进人体对脂溶性维生素的吸收。因此，如果只食用无油水煮菜，人体将难以充分吸收脂溶性维生素，从而导致相关维生素的缺乏，并产生一系列的连锁反应（具体内容将在维生素和矿物质篇进行介绍）。

其他作用

膳食脂肪可为人体提供并维持饱腹感。一般而言，食物中的碳水化合物在胃中的排空速度最快，蛋白质次之，脂肪最慢。膳食脂肪通常需要 4～6 小时才能在胃中被排空，因此能延长饱腹感的持续时间。此外，膳食脂肪不仅可以刺激食欲和润滑肠道，帮助人体内的物质进行合成代谢，还有助于增肌。

脂肪的消化与吸收

脂肪与碳水化合物、蛋白质的区别之一是其不溶于水。血液中的水分含量占比约为92%，而脂肪既不溶于水，又需要在血液循环中充分流动来为人体提供营养，这种特质使它的消化和吸收过程相对更加复杂。

人类从饮食中摄取的脂类主要是甘油三酯，此外是少量的磷脂和胆固醇。脂肪的消化过程从口腔开始，咀嚼运动能帮助唾液中的磷脂与食物充分混合，从而使磷脂发挥乳化剂的作用来帮助消化酶对食物进行消化。舌脂酶能使食物中的脂肪与可溶于水的物质（如蛋白质和碳水化合物）

分离。极少的脂肪会在口腔中被消化，因为咀嚼只是脂肪消化过程中的第一步。不过，细嚼慢咽有助于人体对食物的消化和吸收。

随后，食物进入胃。胃的收缩和搅动会使食物中的脂肪在进入小肠前被进一步分离，以便于胃脂肪酶与脂肪充分接触，把少量脂肪分解为甘油二酯和游离脂肪酸。简单地说，口腔和胃会把脂肪从食物中分离出来并"切碎"，但很少消化脂肪，因为小肠才是脂肪消化的主要场所。

食物进入小肠后，其中的脂肪会刺激缩胆囊素的分泌，然后胆囊中的胆汁就会经过胆总管进入小肠，对脂肪进行乳化。在完成乳化脂肪的任务后，大部分剩余的胆汁会重新被小肠回收，小部分剩余的胆汁则随食物中的膳食纤维排出体外。此时，人体内的胆汁总量会减少，于是胆固醇会被用来制造新的胆汁，从而使胆固醇水平降低。接下来，由胰腺分泌的胰脂肪酶在与脂肪充分接触后，会将其分解成甘油单酯和游离脂肪酸。以上就是脂肪的消化过程，如图 2-3 所示。

胆汁中的胆盐包裹住甘油单酯和游离脂肪酸后，会形成像水球一样的极小的脂肪微滴。脂肪微滴分为内外两层，内层包括脂类被消化分解后的产物和脂溶性维生素，外层是一层可溶于水的薄膜。脂肪微

滴被小肠黏膜吸收后，会释放出甘油单酯、脂肪酸和脂溶性维生素。

当甘油单酯、脂肪酸和脂溶性维生素在小肠中被释放出来后，甘油单酯和脂肪酸会先重组为甘油三酯，再与胆固醇、磷脂和蛋白质装配成一个较大的血浆脂蛋白，即乳糜微粒。于是，大部分脂肪以乳糜微粒的形式进入淋巴系统，小部分脂肪以极低密度脂蛋白的形式进入淋巴系统，然后所有脂肪会通过胸导管进入血液，并被运输到身体各处，为细胞提供能量。

简单地说，脂肪的消化与吸收过程是脂肪先被分离、分解，然后形成脂肪微滴，被小肠吸收后又被分解，继而重组，才最终被人体吸收。由此可知，如果舍弃供能更经济、更高效的碳水化合物，而让脂肪成为为人体供能的主要来源，人体会因进行如此复杂的消化与吸收过程而更加辛苦。

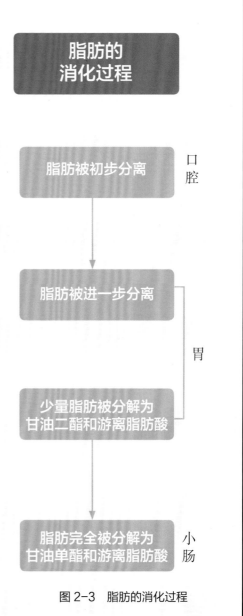

图 2-3 脂肪的消化过程

"坏胆固醇"
与
"好胆固醇"

在减脂时，很多节食的人几乎不食用肉类，脂肪的摄取量非常少，虽然身材逐渐变瘦，但体检结果却显示身体存在健康问题，这是因为他们体内的低密度脂蛋白胆固醇含量偏高，而高密度脂蛋白胆固醇含量偏低。一般而言，低密度脂蛋白胆固醇被称为"坏胆固醇"，而高密度脂蛋白胆固醇则被称为"好胆固醇"。"坏胆固醇"与"好胆固醇"的区别是负责运输它们的脂蛋白种类不同。

下面，我将简单介绍一下这两种胆固醇以及负责运输它们的"货车"。

低密度脂蛋白

低密度脂蛋白负责运输的是"坏胆固醇"。人体内的低密度脂蛋白一部分是极低密度脂蛋白残粒，另一部分则直接由肝脏分泌到血浆中。

低密度脂蛋白这种"货车"主要负责将胆固醇运送给人体内的细胞以制作细胞膜，并为肾上腺、卵巢和睾丸等内分泌腺提供胆固醇来合成类固醇激素（如皮质醇、雌激素和睾酮）。此外，胆固醇还有助于人体合成维生素 D。

在血浆中，若这种"货车"的数量太多，则会造成碰撞与堵塞，导致多辆"货车"堆积在公路上（沉积在血管壁上），而"货车"堆积过多会使公路（血管壁）变窄，以致影响心血管健康，提高人患心脏病和脑卒中的风险。

综上所述，低密度脂蛋白胆固醇其实不是绝对意义上的"坏胆固醇"，它同样是人体所需的胆固醇，只是其含量超过一定的范围后，会对人体健康造成负面影响。

高密度脂蛋白

高密度脂蛋白负责运输的是"好胆固醇"。与低密度脂蛋白相反，高密度脂蛋白这种"货车"专门负责把血浆中多余的胆固醇运回肝脏，防止游离胆固醇在动脉壁和其他组织中积累而造成堵塞。因此，我们将高密度脂蛋白胆固醇称为"好胆固醇"。一般而言，高密度脂蛋白含量越高的人处理血浆中多余的胆固醇的能力越强，患心血管疾病的风险也就越低。

均衡饮食是保证血脂正常的关键。改善整体生活方式，进行规律的运动，并避免盲目节食导致的营养不良和代谢紊乱，才能预防各种疾病的发生。

除了前文提到的低密度脂蛋白和高密度脂蛋白外，以下两种脂蛋白也类似"货车"，不过它们主要负责运输甘油三酯。

乳糜微粒

乳糜微粒在小肠中产生，主要任务是像"货车"一样将膳食脂肪以甘油三酯的形式运输到身体各处，并在相应的站点卸货。在此过程中，"货车"上的货物会越来越少，最后只剩下一些乳糜微粒残粒（包括蛋白质、

磷脂和胆固醇）。这时，肝脏中的受体会与载脂蛋白 E 相结合，将这些载着乳糜微粒残粒的"货车"从血浆中清除。但是，若肝脏的清除功能出现问题，这些载着乳糜微粒残粒的"货车"就无法被清除，只能堆积在公路上（血浆中）。长此以往，这种"废车"越积越多，就容易引发动脉粥样硬化。

由此可知，肝脏在营养素的代谢中具有重要作用，你只有执行科学的减脂饮食法，才能确保肝脏可以正常地进行自己的本职工作。糖异生只是肝脏具有的次要功能，但如果人体的供能系统过于依赖糖异生，则会影响肝脏运行其主要功能，例如对各种营养素进行代谢与为人体排毒。

极低密度脂蛋白

肝脏就像脂类的制造中心和配送部门。肝脏制造脂类的途径主要有两种，一种是把食物中的葡萄糖、蛋白质和酒精转化为脂肪，另一种是把血液中的脂肪酸合成脂类，如磷脂和胆固醇（即内源性胆固醇）。

极低密度脂蛋白就产生于肝脏。肝脏会把乳糜微粒残粒收集起来，并用此制造出由脂类组合而成的极低密度脂蛋白。与乳糜微粒相似，极低密度脂蛋白这种"货车"也负责在血浆中将甘油三酯运送至身体的各个组织，尤其是脂肪组织。在脂蛋白脂肪酶的帮助下，极低密度脂蛋白在到达目标组织后，会被分解为甘油和脂肪酸，为细胞提供能量。同样，极低密度脂蛋白也会在运货的过程中不断卸货，因此此"货车"上的货物（甘油三酯）越来越少，最终，极低密度脂蛋白降解为低密度脂蛋白。

高脂饮食法科学吗?

高脂饮食法一直存在很多争议。下面,我将以近年来在减脂市场上非常流行的生酮饮食法为切入点,对高脂饮食法进行深入的分析。

生酮饮食法

由于科学研究和大众媒体之间存在"时差",生酮饮食法便以其新颖的减脂理念和巨大的商业潜力,让资本蜂拥而至。一时间,连速食骨头汤都贴上了"生酮友好"的标签,椰子油、防弹咖啡和MCT(中链甘油三酯)油更是成为了极受欢迎的热卖商品;只要标题中带上"生酮饮食"这个关键词,相关的视频和文章的浏览量就会猛增。因此,缺乏营养学知识和减脂经验的消费者很容易会被市场中铺天盖地的宣传所吸引,曾经的我也不例外。在尚未熟悉减脂领域时,人们都会觉得这些新鲜玩意儿非常有吸引力,因为这些有着"健康光环"的食物恰好迎合了大众追求健康生活的美好愿望。我也曾盲目相信那些食品所谓的"神奇功效",并且亲自食用过,当然,最终并未产生任何效果。

目前,生酮饮食法似乎早已不仅是一种高脂饮食法,而更像是一种"运动",或是一场"生意"。众所周知,能够引领减脂市场的风向且话语权足以影响大众的,是以获利为目标的商家和媒体,因此市场上对减脂产品的宣传内容经常与营养学领域的科学论文的内容存在很大差异。由此可知，当市场生意涉及人的健康问题时，如某种减脂产品突然热卖，你更应该以冷静和谨慎的态度对待。

对高脂饮食法的反思

实际上，高脂饮食法存在已久，只是一直在以不同的名字吸引着一代代新人。例如，低碳饮食法早在19世纪60年代就已出现，并在20世纪70年代被美国医生阿特金斯大力推广。

目前，高脂饮食法尚未有世界统一的界定标准，但综合而言，脂肪的每日摄取量占全天总能量摄取量的40%以上的饮食法即可被视为高脂饮食法。有些高脂饮食法的脂肪每日摄取量甚至占全天总能量摄取量的60%~75%，此外摄取的能量大部分来自蛋白质，只有极少部分来自碳水化合物。高脂饮食法受欢迎的最大原因是易执行且短期内的减重效果明显，这使人类急功近利的人性弱点暴露无遗。如果你的目标仅是快速减重，那自然会受到诱惑，这也是我在前文中鼓励你设立促进身体功能发展的减脂目标的原因之一。

在几年前，虽然我没有刻意执行生酮饮食法或低碳饮食法，但当时并没有其他能从饮食中克扣能量的方法，我只能对饮食限制得愈加严苛，而这种饮食状态却逐渐演变为变相节食，最终损害了我的健康。

经过几年的学习和实践，我对高脂饮食法进行了反思，心得总结如下。

第一，实现减脂的根本原因是总能量的摄取量减少，人体处于"能量赤字"状态。

你对以下情形可能感到熟悉——在决定减脂的初期信心高涨，对饮食格外注意，食用面包时不再抹蛋黄酱，食用三明治时不再抹番茄酱，炒菜时不再放酱料，增加蔬菜等高膳食纤维食物的食用量，饭后也不再嗑瓜子，这些小的改变实际上都有助于减少总能量的摄取；再加上严格执行运动计划，且运动时格外认真，同时增加日常活动，例如以步行代替骑行等，这些行为更是增加了体内能量的消耗。因此，是摄取的总能量和生活方式的改变实现了减脂。此时，你如果再执行高脂饮食法，骤然减少碳水化合物的摄取量，导致身体在短期内流失较多水分，则减脂效果会更加明显。

目前，相关的实验结果显示，各类饮食法的减重效果一般在最初的3~6个月内存在明显差异；在6个月后，其减重效果逐渐趋同，有时体重甚至会轻微反弹；在一年后，其减重效果几乎没有区别。同样，高脂饮食法和低脂饮食法在一年后的减脂效果也并未存在明显的区别。

以上事实恰与减脂的关键词"刺激"和"适应"暗合。对身体而言，任何改变都是刺激。只要刺激存在，身体就会产生相应的反应，更何况是通过调整饮食结构以改变身体的代谢路径这种巨大的刺激。因此，在刺激发生的初期，身体的反应最为明显。不过，当身体经过调整与适应后，刺激的效果会逐步减弱，体重调节系统最终会将自身的体重维持在合适的范围内。

在日常生活中，诸如"高脂饮食法让你燃烧更多脂肪"等诱导消费者执行高脂饮食法的宣传标语比比皆是。然而，已有研究结果表明，控制总能量的摄取量才是实现减脂的关键，只要摄取的总能量相同，高脂饮食法并不能比低脂饮食法燃烧更多的能量。也就是说，在摄取的总能量相同的前提下，改变脂肪和碳水化合物的摄取比例对减脂效果没有明显的影响。如果摄取的总能量超标，执行高脂饮食法同样会使体重增加。值得一提的是，膳食脂肪成为体脂的转化率为 96%，碳水化合物的转化率则为 80%。况且，高脂饮食法更易刺激食欲，除非严格控制脂肪的摄取量，否则就会使总能量的摄取过量。

所以，正如前文所说，控制总能量的摄取量、确保蛋白质的摄取量充足、进行抗阻运动和保证睡眠质量是成功减脂的基础，其他方面可根据个人情况进行灵活调整。

第二，持续性同样重要。

在几个短期（6 个月）实验中，受试者被规定每天只能摄取 20～70 g 碳水化合物。然而，由于无法忍受如此苛刻的极端饮食法，受试者的退出率平均高达 50%，有的实验甚至因退出人数过多

以至于无法得出有效结论。饥饿、贪食、情绪低落、睡眠质量降低、饮食结构单一和影响社交等都是让受试者无法坚持执行这种极端饮食法的影响因素。因此，每当我受到"诱惑"而试图执行一种最近流行的减脂饮食法时，我就会问问自己："我能一辈子坚持执行这种减脂饮食法吗？"面对高脂饮食法，你也可以像我一样问问自己，自己能一辈子都坚持执行高脂饮食法吗？如果一辈子太长，那么能坚持执行 10 年吗？即便你在平时能做到只摄取脂肪和蛋白质而不摄取碳水化合物，那么在和家人、朋友或同事聚餐而面对各种美食时，还能坚持原定计划吗？如果不能，那么之前的坚持又有什么意义呢？人活着不是为了在各种减脂饮食法中挣扎。即便你能咬牙坚持 1～2 年，当被压抑的欲望在不经意间被释放，只需要一点儿诱惑就会引发暴饮暴食，体重反弹甚至创新高是必然结果。

其实，你只需将各种减脂饮食法的实验数据作为参考，弥补知识漏洞即可，因为研究实验和实际生活是存在很大差距的。由于个体差异，受试人群可能和你的情况完全不同，而饮食实验又是在严格控制变量的条件下进行的，没有顾及某些社会因素、文化因素和心理因素，因此与复杂多变的现实生活差距很大。

也许"高脂饮食法 + 制造能量赤字"的方法在专业健身者备赛时能快速起到明

显的减脂效果，但是普通大众的自身经验、知识储备、时间精力和个人目标都与专业人员有所不同，因此若盲目执行高脂饮食法，其结果大多与以下的读者来信的描述相似。

"在 2 个月前，我又开始尝试减脂，虽然有所成效，但身体也产生了一些不良反应，例如极度渴望摄取碳水化合物，月经推迟十余天，总是感到困乏和疲倦等。我曾经观看过一位减脂专家的节目，他说自己在白天会尽可能地不摄取碳水化合物，以便保持清醒。由于对减脂专家的盲目崇拜，我开始模仿他中午只食用蔬菜和肉类而不摄取碳水化合物的行为，结果导致自己变得极度渴望食用主食。终于，我在两天前再也无法忍受，一口气吃了 4 张大饼，月经也终于在恢复正常饮食的十几天后来了。今天用过晚餐后，我还是食欲不减，于是又吃了 4 张大饼。"

我认为，"平衡、弹性和持续性"才是长期保持健康瘦的关键，各种极端的、完全不摄取某种营养素的减脂饮食法都与此相违背。如果你的目标是短期速瘦，不考虑高脂饮食法对身体健康的潜在影响，那它也许能助你实现目标，但我个人并不推荐想实现并长期保持健康瘦的人执行高脂饮食法。此外，如果你的身体特别适应高脂饮食法，那么你应在执行高脂饮食法的同时，控制总能量的摄取量不超标，提高单不饱和脂肪酸的摄取比例，保证蛋白质的摄取量充足，维持体内钾、镁和钠等

矿物质的含量，且单次执行高脂饮食法的时间不可超过 3 个月，并需使运动内容与高脂饮食法相契合（如减少小重量、多次数的力量训练）。

不适合执行高脂饮食法的人群

减脂新手

减脂新手的主要目标应是培养健康的生活习惯，若执行过于严苛的高脂饮食法或饮食结构的改变过大，会使他们难以坚持，从而半途而废。高脂饮食法等特殊饮食法不适合普通人在日常中执行，而适合有经验的专业人士在备赛时或有特殊需要时执行。

运动新手

高脂饮食法在短期内对运动效果的影响通常不大。虽然有些人在执行高脂饮食法后，会觉得自己更有精力，运动效果更好，但长期来看，由于碳水化合物的摄取量不足，人体将无法在运动时提供更快速的能量供给，同时体内糖原的缺乏会使人在运动时更易感到疲劳，导致运动能力下降与运动时长缩短，并对下次运动产生倦怠情绪。而且，钾、钠和镁等矿物质的代谢与胰岛素密切相关，因此高脂饮食法对胰岛素的影响也会间接影响这些矿物质的代谢，例如大量钠元素会被排出体外，造成人体脱水，从而影响运动效果。运动效果不佳会给人带来挫败感，并使自我效能感降低，

导致情绪低落。人若由此陷入负面情绪，会受到一系列的负面影响，如自暴自弃、食欲失控和睡眠质量下降等，使人遭受生理和心理上的双重折磨。

体重不超标且肌肉量较少的人

如果人的身体处于"能量赤字"状态，即使在保证蛋白质的摄取量充足的情况下，长期（3个月以上）执行高脂饮食法也会导致部分肌肉的流失。因此，比较瘦弱且肌肉量较少的人没有必要长期执行高脂饮食法。体重与体脂严重超标的人最好在专业人员的指导下执行高脂饮食法，若没有专业的指导，则应量力而行，选择执行更平衡、更稳定的减脂饮食法。

月经不调、饮食失调、有精神障碍、肠胃功能较弱和处于伤病中的人

此类人群或是激素分泌尚不稳定，或是正需要额外补充营养，或是情绪波动较大，因此都不适合执行高脂饮食法，否则会使身体情况变得更糟。过于偏重某种营养素的摄取，必然会过于限制其他营养素的摄取，这样就极易导致营养素的摄取不全面，尤其会导致维生素和矿物质的缺乏。没有一种食物能含有所有营养素，所以饮食多样化和均衡饮食非常重要。

从事高强度的学习和工作，脑力消耗较大，需要提出创意并保持高度专注的人

虽然人类大脑的重量只占体重的2%，但大脑的耗能比例很大，它需要食物中

20%的葡萄糖进行供能才能维持运转。葡萄糖是大脑最直接的能量来源。人体在缺乏碳水化合物的情况下，会将蛋白质和脂肪分解后转化为葡萄糖，即进行糖异生，不过其转化的途径比直接从碳水化合物中"拿走"葡萄糖要复杂得多，因此没有必要舍弃简单且经济的方法而"绕圈子"利用其他方法为身体供能。而且，糖异生产生的葡萄糖只有200 g，它们首先要被提供给身体的"总司令"——大脑，再被运输至红细胞，因此脑力劳动强度高的人对碳水化合物摄取量的减少尤为敏感。实际上，有时间研究并执行各种减脂饮食法，尤其是高脂饮食法等特殊饮食法的人，大部分是健身发烧友，普通人能保证基本的健康饮食就已经足够，无须花费过多时间与精力研究各种减脂饮食法。因此，有关各种减脂饮食法的文章大多是为健身发烧友或致力于深入地研究各种减脂饮食法的人所写。你如果尚未养成健康的生活习惯，盲目执行高脂饮食法将弊大于利。

小结

其实，在现实生活中，人无论阅读过多少科学文章，当回归一日三餐时，还是会活在旧习惯里。因此，看是一回事，做是另一回事，重建行为模式远比照搬某种减脂饮食法困难。

通过无数次试错，我总结出一条经验：只要进行正常、均衡的饮食，不花费过多

的精力去执行各种减脂饮食法，食欲就不会失控。不要因为过于在意饮食而忘记如何正常饮食。其实，很多人的饮食问题并不棘手，只需微调饮食方式即可，结果他们却过度受限于各种营养知识，导致饮食方式愈加极端。

而且，在大量阅读论文后，你就会发现很多流行的饮食法都没有足够的证据能证明其具有长期的安全性。你如果有钻研科学的精神，并且想在此领域深耕，那么利用自己的身体进行实验是正常之举；但是，你如果仅想保持正常的体重与体脂，还有其他的工作、学习和爱好，则可运用符合自然规律的基础知识，以优化旧饮食习惯为起点和思路，重新培养既不违背个人喜好又健康的饮食习惯——既不暴饮暴食，也不每天克克计较、顿顿计算。

脂肪
的
摄取原则

脂肪的优质食物来源

动物脂肪、椰子油、牛油果、坚果、种子、橄榄油、亚麻籽油、菜籽油、棕榈油和豆腐等都是脂肪的优质食物来源。

● 动物脂肪

包括红肉、牛奶、奶酪、鸡蛋、鱼类和黄油等。注意，过量食用红肉或红肉制品对身体有害。世界癌症研究基金会建议每人每周的红肉食用量应少于 500 g。对体质偏弱的女性而言，每天食用 50 g 左右红肉为宜。

● 坚果、种子及相关制品

包括腰果、葵花子、芝麻油、花生油、亚麻籽油、菜籽油、花生酱和芝麻酱等。坚果和种子的脂肪含量较高，因此许多减脂者都不敢食用。其实，坚果和种子含有多种营养素，如蛋白质、脂肪、膳食纤维、维生素和矿物质，而且其中的 B 族维生素和维生素 E 对促进人体的新陈代谢有重要作用，所以坚果和种子应是减脂人群的常备食物，不要简单地以"能量高"而对它们全盘否定。并且，坚果中富含的不饱和脂肪酸是人体必需脂肪酸，因此坚果中的脂肪属于优质的植物脂肪。有人认为坚果等同于液体油，这种说法并不准确，因为坚果比液体油含有更多的膳食纤维、蛋白质和碳水化合物，而且坚果

被消化后，所含的脂肪进入血液的速度慢于液体油，因此对血脂的影响相对较小。此外，适量食用坚果和种子可降低血浆中"坏胆固醇"的含量，有利于心血管健康。

● 水果

脂肪含量通常极低，可以忽略不计，但牛油果和榴梿除外。每 100 g 牛油果和每 100 g 榴梿各含有 15.3 g 和 3.3 g 脂肪。不过，柠檬、橙子和柚子等水果虽然脂肪含量不高，但含有多种脂类。在烹饪时，加入上述水果的果肉可增加菜品的酸甜度，加入橙皮屑或柠檬皮屑则可令菜品拥有果香。

● 蔬菜

脂肪含量极低，可以忽略不计。

> 避免摄取的脂肪酸：反式脂肪酸。食品包装上若标有起酥油、人造奶油、植物奶油、氢化植物油、代可可脂、人造酥油或人造黄油等字样，应避免购买；在家中烹饪时，应尽量不用或少用精炼植物油。市售的面包、蛋糕、饼干、酥饼、比萨、炸鸡、炸薯条、冰激凌、沙拉酱、方便面和奶茶等都是反式脂肪酸的"重灾区"。

脂肪的推荐摄取量

在脂肪的摄取量方面，世界各国的膳食指南中的推荐量差别不大，而且都提倡低脂饮食，不推荐高脂饮食。不过，低脂饮食不等于不摄取脂肪，而是使脂肪的摄取量维持在相对较低的安全范围内。

中国营养学会根据中国居民膳食结构的实际情况，推荐每日脂肪供能占总能量的20%～30%，胆固醇的每日摄取量少于300 mg，二者的摄取量在此范围内的饮食都属于低脂饮食。不推荐脂肪的摄取量低于总能量摄取量的15%，因为这属于过低范围，不利于身体健康。即使是进行规律训练的人，在减脂期的脂肪摄取量也不应长期低于总能量摄取量的20%～25%。注意，以上的脂肪推荐摄取量是以中国居民的脂肪平均摄取量为基础进行计算而得出的，未考虑个体差异，因此你可以在此范围内灵活调整个人的脂肪摄取量。

例如，进行规律训练的人，尤其是将力量训练与有氧训练结合进行的人，其脂肪的摄取量可以比推荐量高5%～10%，而且摄取饱和脂肪酸也不会对身体健康产生负面影响。此类人从饮食中摄取的脂肪和饱和脂肪酸过少会影响其睾酮水平，从而间接阻碍肌肉的生长。

此外，美国国家医学院推荐每日脂肪供能占总能量的20%～35%，美国膳食指南推荐饱和脂肪酸的每日摄取量少于每日总能量摄取量的10%。进行规律训练的人将脂肪的摄取量控制在总能量摄取量的30%～35%，就可以保证身体的各项功能正常运行。而且，常年坚持执行低脂饮食法也能有效避免体重反弹。再次提醒减脂新手，"低脂"不是指不摄取脂肪，而是要将脂肪的摄取量控制在相对较低的安全范围内。

例如，如果一个进行规律训练的人的全天总能量的摄取量是1800 kcal，则20%～35%的总能量为360～630 kcal（每日推荐摄取的脂肪的能量），10%的总能量为180 kcal（每日推荐摄取的饱和脂肪酸的能量）。1 g脂肪含有9 kcal能量，即他每天应摄取40～70 g脂肪，其中包含20 g饱和脂肪酸。

此外，目前中国的膳食指南对胆固醇的摄取量未作具体的限制，但总体来说，应尽量减少食用胆固醇含量高的食物，这是因为胆固醇含量高的食物的脂肪含量通常也高。

关于摄取脂肪，
减脂新手应该做的和不应该做的

应该做的

将蔬菜与粗粮搭配食用。

避免烹饪时的油温过高。

用适量的食用油烹饪食物。

尽量避免食用含反式脂肪酸的食物。

如果难以统计每日摄取的脂肪酸的种类，可重点关注脂肪的每日总摄取量。

选择食用脂肪含量低的主食，如米饭、馒头和粥；减少食用脂肪含量低的主食，如油条、葱油饼、油酥饼、油泼面、炒饭和炒面。

不应该做的

避免单独食用脂肪含量高的食物，如某些减脂饮食法建议的空腹饮用两勺椰子油。

避免完全不摄取脂肪或突然执行高脂饮食法。

避免食用高脂、高糖的食物，如红烧肉和酥皮类甜食。

避免完全不摄取饱和脂肪酸，如拒食肉类、蛋类和奶制品。

避免盲目食用所谓的"健康油"。

避免摄取的脂肪酸的种类过于单一。

营养早餐麦片

份数：8 份 | 准备时间：5 ~ 10 分钟 | 制作时间：30 ~ 40 分钟

每份				
能量（kcal）	膳食纤维（g）	蛋白质（g）	脂肪（g）	净碳水化合物（g）
198	2.6	4.6	12.7	18.5

　　这款早餐麦片中含有各种坚果和种子，再加入适量椰子片，不仅所含脂肪酸的种类丰富，配料也非常灵活。关于坚果与种子的具体选择，可参考本书第 73 ~ 75 页中按脂肪含量将坚果与种子分为三类的相关内容，根据个人喜好从每种类别中选择 1 ~ 2 种对应食材即可。注意，应尽量避免选择的食材种类过于趋同。

材料 A 部分

快熟燕麦片	80 g
坚果	60 g
种子	60 g
椰子片	40 g

材料 B 部分

蜂蜜	20 g
红糖	20 g
海盐	¹/₈ 茶匙
肉桂粉	¹/₄ 茶匙

椰子油（液态）　　　20 g

其他部分

果干	25 g

1. **准备**：烤箱预热至 150 ℃，烤盘铺上烘焙纸，备用；果干切小块。

2. **混合材料 A**：在大碗里将材料 A 部分的所有食材拌匀，备用。

3. **混合材料 B**：在小碗里将材料 B 部分的所有食材（椰子油除外）拌匀，并将其用微波炉加热 15 ~ 25 秒，直至其中的红糖溶化；取出后，加入椰子油拌匀，然后将其倒入盛放材料 A 的大碗里拌匀。

4. **烤制**：把拌匀后的燕麦片均匀地铺在烤盘上，放入烤箱先烤制 15 分钟，取出烤盘翻拌几下；再烤制 10 ~ 15 分钟，取出烤盘翻拌几下；最后烤制 5 ~ 10 分钟，直至燕麦片呈金黄色，且小块的坚果未被烤煳。

＊若烤盘较小，可分批烤制。

麸质过敏者：可用无麸质燕麦片代替快熟燕麦片。
需要摄取更多的能量时：可搭配全脂牛奶和新鲜水果食用。
需要摄取更少的能量时：可搭配低脂牛奶食用。

小贴士

1. 使用生的或烤熟的坚果皆可。
2. 椰子片越大、越厚，就越好吃。推荐选择大小适中的椰子片，因为小块的椰子片易煳。
3. 不同的烤箱在加热时的实际温度存在差异，烤制时应随时观察，以防食材被烤煳。

★ 煎锅法：以中火加热平底不粘锅后，把拌匀后的燕麦片均匀地铺在锅里，转中小火煎3～5分钟，待食材飘出香味后翻拌几下以防止煳底，煎至燕麦片呈金黄色即可。

5. 放凉：将烤制完成的燕麦片倒入另一个大碗，加入果干块拌匀，放凉后即可食用。

★ 将烤制完成的燕麦片倒入浅底宽口的大碗并进行间歇性搅拌有助于散热。

★ 刚出炉的热燕麦片口感不脆，放凉后才会变脆。

★ 若需密封烤制完成的燕麦片，应待其彻底凉透后，再进行密封。

食材课堂：坚果与种子

认识坚果与种子

各种坚果与种子的对比见表 2-1。

坚果的脂肪含量较高，但脂肪极易氧化变质，因此坚果的保质期一般较短。

坚果壳通常坚硬且不透光，可保护坚果不受阳光、高温和高湿的影响。

坚果皮大多是一层类似纸质的棕色外皮，口感苦涩，是坚果为了繁衍后代而保护自己的一道防线。一方面，坚果皮中含有膳食纤维和抗氧化物，对人体有一定的益处；另一方面，坚果皮中含有抗营养因子，如单宁酸和酶抑制剂，食用后易导致肠胃功能较弱的人消化不良。因此，肠胃功能较弱的人可以把坚果浸泡一夜或低温烤熟后再食用。

坚果与种子按脂肪含量的高低可分为以下三类。

第一类是脂肪含量较低的，包括南瓜子、开心果、榛子和腰果等，如图 2-4 所示。

南瓜子中含有较多的铁、镁、钾和锌，适合易缺乏锌的素食人群食用。有白色外皮的南瓜子适合作为零食，无皮的南瓜子适合用来烹饪。

开心果自带奶香，味道独特，且含有大量 B 族维生素、维生素 E 和碘，以及少量胡萝卜素，能为人体补充能量。

榛子中含有较多矿物质，如钾、铁、钙和锌，同样能为人体补充能量。注意，榛子的外壳非常坚硬，需借助工具打开。

腰果通常被误认为脂肪含量很高，但实际上，其脂肪含量相对低于其他坚果。与其他热带坚果相比，腰果的不饱和脂肪酸含量最高，碳水化合物含量较高，适合打成泥后制作甜品或素奶酪。

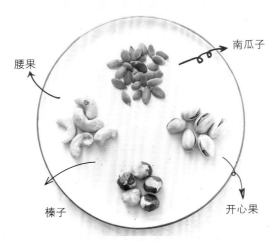

图 2-4　南瓜子、开心果、榛子和腰果

第二类是脂肪含量中等的，包括葵花子、芝麻、扁桃仁、花生和松子等，如图 2-5 所示。

葵花子的不饱和脂肪酸含量很高，且含有较多的锌、维生素 B_1、维生素 B_3、维生素 B_6、维生素 B_9 和维生素 E。推荐混合食用葵花子和南瓜子，使二者为人体补充多种维生素和矿物质。

芝麻富含钙、镁、铁、锌、铜和锰，且黑芝麻的前述矿物质含量都高于白芝麻。

扁桃仁富含维生素 B_2，还含有维生素 C、铁、锌和钙等。

花生富含钾、铁、钙和锌，易被黄曲霉素感染，因此当花生产生难闻的味道或表皮发黑时，则不可再食用。同时，花生有助于调节内分泌，因为其中的 ω-6 脂肪酸是合成人体多种激素的必备物质，能调节激素水平，缓解经前不适。

松子具有独特的清香，钠含量较高，且富含不饱和脂肪酸，适合脑力劳动者食用。

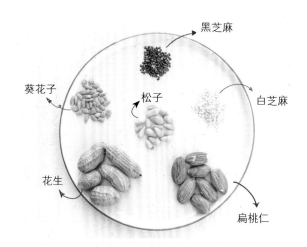

图 2-5　葵花子、黑芝麻、白芝麻、扁桃仁、花生和松子

第三类是脂肪含量较高的，包括巴西坚果和澳洲坚果等，如图 2-6 所示。

巴西坚果富含硒，硒与睾酮水平有直接关系，而睾酮水平的提高又是增肌的必要条件之一，所以巴西坚果极受健身人群所喜爱。一般而言，每天食用 2 ～ 3 个巴西坚果就可以满足身体的需要。

澳洲坚果口感酥脆，入口即化，还有独特的奶香，无论是口感还是味道都排在坚果的前列。食用澳洲坚果既能降低"坏胆固醇"的含量，又能提高"好胆固醇"的含量，还能缓解炎症、皮肤干燥和糖尿病的症状。

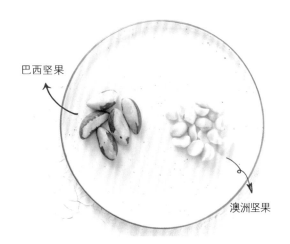

巴西坚果

澳洲坚果

图 2-6　巴西坚果和澳洲坚果

表 2-1　各种坚果与种子的对比

坚果／种子名称	脂肪含量	蛋白质含量	口味	用途	肠胃功能弱、身形瘦弱的人	肠胃功能正常、体重超标想减重或体重正常想减脂的人
榛子	较低（40 g）	中等偏低(13 g)	・味道清甜 ・口感硬脆	・做沙拉 ・做榛子粉 ・装饰冰激凌脆壳 ・丰富菜品的味道层次 ・烘焙（适合搭配巧克力）	✔	✔
腰果	较低（43 g）	较高（18 g）	・味道香甜，有奶味 ・口感绵密、顺滑	・炒菜 ・做腰果酱 ・做腰果奶 ・做素食奶酪 ・做素食蛋糕 ・做素食蛋黄酱 ・为酱汁或汤品增稠	✔	✔
开心果	较低（45 g）	高（20 g）	・味道香甜，有奶味 ・口感酥脆、绵密	・烘焙 ・做沙拉 ・装饰食物 ・做甜味或咸味食品	✔	✔
南瓜子	较低（46 g）	高（25 g）	・味道清香 ・口感软脆	・烤制 ・烘焙 ・做沙拉	✔	✔
芝麻	中等（50 g）	较高（18 g）	・味道独特 ・口感有颗粒感	・炒菜 ・烘焙 ・做芝麻酱 ・装饰食物 ・做香油	✔	✔

坚果/种子名称	脂肪含量	蛋白质含量	口味	用途	肠胃功能弱、身形瘦弱的人	肠胃功能正常、体重超标想减重或体重正常想减脂的人
扁桃仁	中等（50 g）	高（20 g）	• 味道清甜 • 口感硬脆，有明显的纤维感	• 烘焙 • 炒菜 • 做扁桃仁酱 • 做扁桃仁奶 • 做扁桃仁粉	✔	✔
葵花子	中等（50 g）	高（23 g）	• 味道香浓 • 口感酥脆	• 烤制 • 烘焙 • 做沙拉 • 做葵花子油	✔	✔
花生	中等（50 g）	高（26 g）	• 味道醇厚 • 口感绵密，有肉感	• 烘焙 • 炒菜 • 煮粥 • 做沙拉 • 做花生油 • 做花生酱 • 做花生奶 • 做水煮花生 • 做花生豆浆	✔	✔
松子	中等（53 g）	中等（14 g）	• 味道独特，有清香 • 口感细腻、松软	• 炒菜 • 烘焙 • 做沙拉	✔	较适合
核桃	中等偏高（65 g）	中等（15 g）	• 味道独特，外皮发涩 • 口感顺滑，有肉感 • 生核桃脆且甜	• 烘焙 • 做沙拉 • 做核桃豆浆 • 搭配甜味食品	✔	较适合
巴西坚果（又名鲍鱼果、巴西栗）	中等偏高（67 g）	中等偏低（13 g）	• 味道清淡 • 口感硬脆，有嚼劲	• 做坚果酱 • 做坚果奶	较适合，可适量食用	可少量食用
美国山核桃（又名碧根果）	高（70 g）	较低（10 g）	• 味道独特 • 口感酥脆	• 烘焙 • 做甜品	较适合，可适量食用	可少量食用
澳洲坚果（又名夏威夷果）	最高（76 g）	最低（8 g）	• 味道醇厚、香甜，有奶油香 • 口感最为酥脆、绵滑	• 烘焙 • 拌饭 • 做沙拉 • 搭配甜味食品	较适合，可适量食用	可少量食用

表格说明：

· 表中坚果与种子的营养素含量以每100 g去壳、生重、原味且未烤的坚果与种子为准。

· 表中列举的是一些人们普遍认为是坚果和种子的食物。例如，花生等食物在植物学上并不属于坚果，但由于这些食物与坚果所含的营养素的种类相近，且味道和用途相仿，所以表中将它们归纳在一起。实际上，对减脂而言，这些并不重要，重要的是如何食用它们。

· 表中的芝麻包括所有颜色的芝麻，如黑色、白色、黄色和茶色的芝麻。每种颜色的芝麻的营养价值相近，虽略有不同，但因其食用量一般较少，无须悉数区分，偶尔换食即可。

· 通过对比可得，表中的最后三种坚果——巴西坚果、美国山核桃和澳洲坚果的营养素含量极不均衡，都是蛋白质含量偏低而脂肪含量偏高，尤以澳洲坚果为最，其蛋白质含量最低，脂肪含量最高。

· 澳洲坚果含有的脂肪酸大多为单不饱和脂肪酸，而适量摄取单不饱和脂肪酸不仅可以降低人体内"坏胆固醇"的含量，预防心血管疾病，还可以提高胰岛素的敏感性，减少脂肪堆积，同时有助于改善减脂时因脂肪的摄取量过少而产生的不稳定的、悲观消极的情绪。对女性而言，脂肪更是对维持各种生理功能（如月经和生育）的正常运行起着非常重要的作用。

· 各种坚果与种子的每日推荐食用量约为一小捧，如扁桃仁的食用量为 15 ~ 20 个即可。

购买建议

◇ 外壳：坚果最怕阳光、空气和水，因此推荐购买有外壳且外壳未破损的坚果。

◇ 外表：坚果壳的外表不应泛有油渍；坚果果肉的外表应为浅黄色，且无任何黑点。

◇ 气味：坚果的新鲜度尤为重要，发霉变质或过度氧化的坚果会产生一股明显的"哈喇味"，请勿购买这样的坚果。

◇ 包装：首选真空包装的坚果或种子，不推荐购买暴露在空气中的散装坚果或种子。

◇ 形状：最好购买整粒的、未去皮的坚果。坚果皮可以减慢坚果的氧化速度并隔离湿气，因此被切割加工后的坚果的氧化程度会很高。

◇ 季节：新鲜坚果的上市时间一般为初秋，大约在 9 月的中下旬。避免在夏末购买坚果，因为这些坚果已存放了较长时间。

◇ 生坚果：推荐购买未加工的生坚果，然后自行将其低温烤熟或炒熟。质量较高的生坚果一般被保存在冷柜中以出售。

◇ 熟坚果：推荐购买配料表中只有坚果名称而没有盐、糖、食用油和香精等配料的熟坚果，并且其包装上应标有"低温烘烤"的字样。不要购买过度加工的熟坚果，如经过炸、烤或炒的奶油味、绿茶味、烟熏味、甜辣味或怪味的熟坚果。虽然配料表中除坚果和盐外还有植物油的盐焗坚果会更酥，而且比上面提到的各种口味的坚果相对更健康，但其中的盐会刺激食欲，易使人在无意间过量食用坚果，并且在食用后口干舌燥。如果你想品尝盐焗口味的坚果，可以自己制作以更好地控制盐的使用量。

◇ 生产日期：推荐购买生产日期距当前日期短于 6 个月的坚果或种子。

◇ 数量：建议购买小包装的坚果或种子，不要囤货，随吃随买。

豆浆杂粮粥

份数：3 份 | 准备时间：8 ~ 12 小时 | 制作时间：45 分钟

每份				
能量（kcal）	膳食纤维（g）	蛋白质（g）	脂肪（g）	净碳水化合物（g）
244	11	15.3	12.8	18.7

注重保持身材的人经常被优质脂肪摄取不足这一问题所困扰，而这款杂粮粥则可以解决这个问题。它的脂肪总量适中，并富含多种脂肪酸，如 ω-3 脂肪酸和 ω-6 脂肪酸。由于 ω-6 脂肪酸摄取过量会导致身体出现炎症和心血管疾病，而 ω-3 脂肪酸则可以减少炎症反应，所以这款杂粮粥可使二者相辅相成，共同促进人体健康。

黄豆	30 g	种子（亚麻籽、黑芝麻和白芝麻）	35 g	昆布（或海带）	1 g
杂豆（红豆、红芸豆和白芸豆）	85 g	海盐	适量	姜黄粉（选用）	$^1/_{16}$ 茶匙
杂米（糙米、黑米和紫米）	130 g	白醋（或红茶菌）	1 茶匙		
坚果（花生仁和核桃仁）	35 g	清水	1 300 g		

1. **浸泡豆子**：提前一晚，先用一些清水浸泡黄豆，再将另一些清水与少许海盐、白醋拌匀，然后用其浸泡杂豆。二者都需浸泡 8 ~ 12 小时。

★ 用加入海盐和白醋的清水浸泡杂豆可使豆子的表皮变得更滑腻，口感更好，并提高人体对它的消化率。

★ 肠胃功能较弱的人可以将杂豆、杂米和坚果一同浸泡，尤其要浸泡糙米；肠胃功能正常的人可不浸泡杂米。种子的体型细小，可不浸泡。

★ 若室温在 22 ℃以上，豆子需冷藏浸泡。

2. 捞出所有豆子，将黄豆放入豆浆机，再倒入 1 300 g 清水打成豆浆，然后将豆浆倒入杯中，备用；将杂豆用清水冲洗 2 ~ 3 遍；将杂豆、杂米、坚果和种子放入电高压锅。

3. 左手持滤网，右手持豆浆杯，直接将过滤后的豆浆倒入

需要摄取更多的能量时：可搭配 $^1/_2$ 个牛油果、$^1/_2$ 枚咸鸭蛋和 1 块慢头食用。
需要摄取更少的能量时：可不再搭配其他主食，而搭配碳水化合物含量较高的蔬菜，如胡萝卜或藕。

1. 豆子不易煮软的两种情况：一是豆子的存放时间太长，因此应尽量购买新鲜的豆子；二是水质过硬，因此可用瓶装水煮豆子。肠胃功能较弱的人可以先少量食用红豆和芸豆，并注意观察身体的反应。

2. 可自行决定是否提前浸泡核桃仁。浸泡后的核桃仁中的抗营养因子会减少，但是用电高压锅煮后会使其口感变得非常软面，入口即化。

3. 可用斯佩尔特小麦、薏米、大麦或高粱等小麦类粮食代替部分杂米。

4. 姜黄粉能促进消化，也能提鲜，可用生姜代替。姜黄粉或生姜由于用量小，只会增加鲜味而不会使粥出现明显的姜味。

5. 若煮制完成的粥中出现很多絮状物，可能的原因如下。杂豆和杂米的浸泡时间过长；在浸泡杂豆和杂米时加入的白醋过多；杂粮的软硬度差异较大，过长的煮制时间导致易熟的粮食过于软烂。

6. 建议选用容积为 5.6 L，底部直径为 22 cm，高为 15 cm 的电高压锅。如果你选用的锅容积较小，则应减少食材用量，以免溢锅。

放好杂粮的锅里并拌匀。如果杂米已提前浸泡，则无须加水；如果杂米未提前浸泡，则需额外加入 200 g 左右的清水。

★ 加水是为了让未浸泡的杂米充分吸水。

4. 在锅里加入少许海盐，也可加入姜黄粉，并将昆布放至杂粮的表面。

★ 昆布表面的白霜是营养物质，无须冲洗。

★ 昆布能减少杂粮中的抗营养因子对人体吸收矿物质的干扰，并降低喝粥后发生胃肠胀气的概率。

★ 昆布的用量较少，不仅不会使粥中混入昆布的味道，还会增加自然鲜味。

5. **煮粥**：将杂粮煮制 35 分钟，然后等待自然放汽即可。

★ 使用电高压锅煮好粥后，不要立刻手动排汽，否则容易造成溢锅。

★ 熟豆子最好的状态是口感软烂但能保持形状，没有纤维脆感，用舌头轻轻一压，豆皮和豆沙可以完全合为一体。

★ 长时间的煮制可破坏豆科植物中凝血素的活性和毒性，解决食用豆子后胃肠胀气的问题。

食材课堂：豆子

认识豆子

推荐常备的豆子有：绿豆、红腰豆、斑豆、红豆、黄豆、黑豆、小扁豆、鹰嘴豆、利马豆和眉豆（如图 2-7、图 2-8）。注意，大小基本一致且呈正圆形的黄豆一般为转基因黄豆。

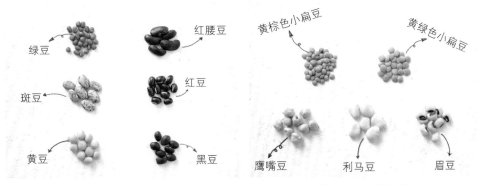

图 2-7　6 种豆子　　　　　　　　　　图 2-8　5 种豆子

图 2-9 中的 3 种豆子无须浸泡就容易煮熟，适合在时间紧迫的情况下快速烹饪。

图 2-10 中的 3 种红色豆子：红腰豆的体型最大；红豆的体型中等，是圆鼓鼓的；赤小豆比红豆细小，呈扁长状。它们都是淀粉豆类，可任意选择。注意，相比其他两种豆子，赤小豆最不易煮熟。

图 2-9　黄豌豆、绿豌豆和红橙色小扁豆　　　图 2-10　红腰豆、红豆和赤小豆

虽然每种豆子都具有较高的营养价值，但具体而言，它们仍略有差异。

大豆：富含优质蛋白质，含有多种人体必需氨基酸。其蛋白质含量居植物性食物之首，但稍逊于鸡蛋和牛奶。大豆的维生素 E 含量也很高，而维生素 E 有助于改善人体内激素的分泌，缓解女性痛经。

蚕豆：在所有豆子中，蛋白质含量仅次于大豆，而且所含蛋白质的质量高，氨基酸种类全，维生素含量高于大米和小麦。

豌豆、绿豆、芸豆、鹰嘴豆和红小豆：蛋白质含量高，蛋白质质量也高，而且含有各种维生素和矿物质。

眉豆和小扁豆：营养价值尚可，但蛋白质质量低于其他豆子。

总体而言，多样化饮食是人体均衡摄取各种营养的保障。

注意，豆子的品种繁多，各地的叫法也不统一，所以无须过于关注豆子的名字。

如图 2-11 所示，在所有豆子中，可补充碳水化合物的豆子指淀粉含量高，可替换一

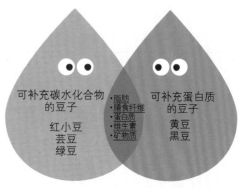

图 2-11　可补充碳水化合物和蛋白质的豆子

部分主食的豆子，如红小豆、芸豆和绿豆；可补充蛋白质的豆子指蛋白质含量高的豆子，如黄豆和黑豆，它们都属于大豆。在植物中，大豆的蛋白质含量最高，若以干重计算，其蛋白质含量占比接近 50%，因此在饮食中应把大豆视为蛋白质的重要食物来源。对减脂新手而言，将除大豆外的其他豆子都简单地视为可补充碳水化合物的豆子即可。以上两大类豆子的对比见表 2-2。

表 2-2　两大类豆子的对比

豆子品种		烹饪时间	肠胃功能弱、身形瘦弱的人	肠胃功能正常、体重超标想减重或体重正常想减脂的人
可补充蛋白质的豆子	黄豆	·浸泡后：30 分钟 ·未浸泡：60 ~ 70 分钟		✔
	黑豆	·浸泡后：30 分钟 ·未浸泡：60 ~ 70 分钟		✔

豆子品种		烹饪时间	肠胃功能弱、身形瘦弱的人	肠胃功能正常、体重超标想减重或体重正常想减脂的人
可补充碳水化合物的豆子	红小豆	·浸泡后：40 分钟 ·未浸泡：70 ~ 80 分钟	✔	✔
	芸豆	·浸泡后：30 分钟 ·未浸泡：60 ~ 70 分钟	✔	✔
	绿豆	·浸泡后：20 分钟 ·未浸泡：40 ~ 50 分钟		✔

表格说明：

· 表中的烹饪时间是指用煤气灶以清水煮豆子的时间，如果用高压锅以清水煮豆子，则烹饪时间应减为原来的一半。

· 大豆较难消化，因此肠胃功能弱的人要谨慎食用大豆及其制品（如豆腐和豆浆）。若食用大豆，一定要将其提前浸泡。有些肠胃功能弱的人饮用豆浆会产生不适，但食用豆腐则不会，这是因为大豆中的草酸和植酸等抗营养因子可溶于水，所以豆腐中的抗营养因子在加工过程中会随水分大量流失，从而使豆腐对肠胃的影响变小。食用大豆后的反应因人而异，你应多观察自己食用大豆后的反应，并以此灵活增减大豆的食用量。

· 黑豆比黄豆更难消化。一般来说，紫色、黑色等深色食物比白色、黄色等浅色食物更难消化。

· 有些肠胃功能弱的人难以消化绿豆，但并非绝对不能食用绿豆。建议此类人先少量食用绿豆，并根据身体的反应逐渐增加食用量。

· 在煮至软烂的前提下，红小豆和芸豆相较于其他豆子对肠胃功能弱的人更加友好。

· 肠胃健康、体重超标想减重或想保持正常体重的人，可以尝试交替食用表中的这两大类豆子，但食用量应循序渐进。建议先由每天食用 10 ~ 20 g（生重）豆子开始，且每天不超过 50 g（生重）。

· 肠胃功能特别弱的人可以先尝试食用豆芽和以豆子为原料的发酵食品，然后慢慢过渡到食用水煮豆子和杂粮粥。

· 不习惯食用豆子的人可慢慢增加豆子的食用量和食用次数。

如何解决食用豆子后胃肠胀气的问题？

豆子中含有多种抗营养因子，如皂苷、胰蛋白酶抑制剂、多酚类化合物、血细胞凝集素和胃肠胀气因子，这些物质不仅会影响人体对豆子中的营养素的消化与吸收，还易导致胃肠胀气。此外，豆子中的低聚糖也是导致胃肠胀气的主要因素。

不过，现在越来越多的研究结果表明，这些抗营养因子对人体也有很多积极的作用，如可降低患心血管疾病、胆结石、肾结石和骨质疏松的概率，缓解更年期的症状，还有助于抗癌。而且，低聚糖是双歧杆菌的"好伙伴"，具有改善肠胃功能和增强免疫力的作用。因此，我们更该考虑的是如何最大程度地发挥豆子的益处，也就是既能吸收豆子中的营养，又能把胃肠胀气等副作用的影响降到最小。

◇ 将豆子进行长时间的蒸、煮或干加热（如烤制）。豆子一定要烹饪至软烂，即用舌头轻轻一压就能变成豆沙，豆子皮也很软，整粒豆子咀嚼起来软糯爽口。若想达到这种效果，需提前用盐水将豆子浸泡一夜，再用高压锅煮制 30 分钟。

不过，熟豆子最好的状态是用舌头将其一压后，所成的豆沙口感滑腻，豆皮和豆沙完全交融在一起，无法分辨。若想达到这种效果，需提前用盐水将豆子浸泡一夜，再用高压锅煮制 40 分钟。

注意，不要因认为不易消化的豆子有助于瘦身而故意食用半生不熟的豆子。这样不仅不利于肠胃消化，而且易导致食物中毒。

◇ 将豆子提前浸泡、去皮。豆子中的抗营养因子可溶于水，因此建议把干豆子充分浸泡并冲洗一遍后，再进行烹饪。不过，豆皮中含有对身体有益的成分，因此如果食用浸泡和高压煮制后的豆子没有使肠胃产生不适，就无须去皮。

◇ 将豆子发芽、发酵。在豆子发芽或发酵的过程中，大部分抗营养因子会被分解。豆芽、腐乳、天贝和纳豆都适合肠胃功能较弱的人食用。

金枪鱼蔓越莓三明治

每份				
能量 （kcal）	膳食纤维 （g）	蛋白质 （g）	脂肪 （g）	净碳水化合物 （g）
360	5	38.8	1.6	48

份数：1 份｜准备时间：5 分钟｜制作时间：3 分钟

　　金枪鱼中富含 ω-3 脂肪酸、维生素 A、维生素 D 和维生素 E。市售的金枪鱼三明治的主要问题是蛋黄酱的用量较多，很容易导致脂肪的摄取量超标，而这款三明治以原味希腊酸奶代替蛋黄酱，食用后可使脂肪的摄取量维持在合适的范围内。

馅料部分		黑胡椒粉	$^1/_4$ 茶匙	其他部分	
水浸金枪鱼	100 g	海盐	$^1/_4$ 茶匙	全麦面包片	2 片
原味希腊酸奶	40 g	白醋	2 茶匙	番茄片	2～3 片
蔓越莓干	10 g	蒜粉	$^1/_4$ 茶匙		
红糖	3 g	洋葱粉	略多于 $^1/_2$ 茶匙		

1. 拌馅料：在碗里将馅料部分的所有食材拌匀。

2. 组装三明治：先将番茄片铺在一片全麦面包片的表面，再均匀涂上拌好的馅料，然后盖上另一片全麦面包片，用刀沿其对角线切开，即可食用。

> **需要摄取更多的能量时**：可在三明治中多夹 $^1/_2$ 个牛油果和 $^1/_2$ 枚水煮蛋。
> 不建议摄取更少的能量。

食材课堂：金枪鱼罐头

认识金枪鱼罐头

深海鱼中富含 ω-3 脂肪酸、维生素 A、维生素 D 和维生素 E，它们都对维持人体生理功能的正常运行具有重要作用。对无法经常食用新鲜深海鱼的人而言，金枪鱼罐头是一个不错的选择。金枪鱼罐头的优点是易于储藏和携带，且食用时方便快捷，无须加热。不过，人们普遍误认为罐头食品中含有防腐剂且没有营养，所以在选择罐头食品时多有犹豫。其实，真正应注意的一点是罐头食品的罐内涂层是否含有 BPA（双酚 A）。

常见误区

误区一：罐头食品中含有防腐剂

大部分罐头食品中并不含有防腐剂，因为罐头的加工原理可保证它无须添加防腐剂就能存放较长时间。因此，厂家为罐头食品添加防腐剂反而会增加成本。

通俗地讲，罐头里的食材会先通过加热来灭菌，然后被放入已灭菌的罐子内用高压再次灭菌，最后进行快速冷却。因此，罐头内是无氧无菌且密封的，所以罐头食品不添加防腐剂也不会变质。

误区二：罐头食品没有营养

首先，在加工方式方面，罐头食品经过加热灭菌后，其中的蛋白质和碳水化合物的营养价值并不会被影响，不过维生素 C 等维生素和胡萝卜素会略有损失。例如，除胡萝卜和番茄外，其他蔬菜被加工成罐头蔬菜后，所含的维生素 B_1 都会略有损失，其中以菠菜为首。

其次，从横向来看，以蔬菜为例，罐头蔬菜在采摘后会立即进行分拣等处理，通常可在24 小时内完成加工；新鲜蔬菜在经过采摘、运输和摆货等流程后才能真正上市，在此过程中若未被冷藏，其维生素含量会快速下降，如果购买后未及时食用，其中的营养素将继续流失，而且加工和烹饪的过程也会使其损失部分营养素。所以，罐头蔬菜和新鲜蔬菜的营养价值其实相差无几，二者之间的差异主要体现在口感和味道上。

最后，虽然罐头食品总体上不如新鲜食品，但是在没有新鲜食品的情况下，食用罐头食品还是比食用垃圾食品更健康。

购买建议

◇ 重点检查罐内涂层是否含有 BPA。请购买包装上标有"BPA-free"（无双酚 A）的金枪鱼罐头。若罐头包装上未标注"BPA-free"，则切勿购买。BPA 常见于塑料产品中，会干扰人体内激素的分泌，进而影响身体健康。

◇ 观察配料表。推荐购买无盐、水浸、原味型的金枪鱼罐头，即配料表中只有鱼的名称（如黄鳍金枪鱼）和水的品种。若想购买油浸的金枪鱼罐头，推荐选择配料表中只有鱼的名称和橄榄油而非植物油等其他食用油的品种。

◇ 判断是否环保。金枪鱼行业亟待解决的环保问题，如不良的捕捞方式对海洋生物的伤害和对生态环境的破坏等，越来越引起大众的重视。目前，很多生产厂家会在罐头包装上标明本品在捕捞时使用的是竿钓方式。竿钓方式具有可持续性的特点，不仅不会破坏海洋环境，还有利于鱼肉保鲜。因此，若罐头包装上没有此标注，建议不要购买。

◇ 关注汞含量。长鳍金枪鱼的汞含量很高，因为它的体型巨大，极易受到污染。长鳍金枪鱼的安全食用量为：6 岁以下的儿童每月食用 1 次，每次 85 g；6 ~ 12 岁的儿童每月食用 2 次，每次 127 g；成年女性（包括孕期）每月食用 3 次，每次 170 g；成年男性每月食用 3 次，每次 226 g。推荐购买黄鳍金枪鱼罐头，因为黄鳍金枪鱼的汞含量比长鳍金枪鱼少 $^2/_3$，脂肪含量较低，肉质密实，对人体而言更为安全、健康。黄鳍金枪鱼的安全食用量为：6 岁以下的儿童每月食用 3 次，每次 85 g；6 岁以上儿童和成年人每月食用 4 次，食用量同上。此外，同样推荐购买鲣鱼罐头，因为鲣鱼俗称小金枪鱼，也是较为安全的鱼类，可参考黄鳍金枪鱼的安全食用量进行食用。总体而言，只要不过量食用金枪鱼罐头，就不必过于担心。

◇ 其他注意事项包括生产日期、外形、外表、是否泄漏和容量。虽然罐头食品的保质期较长，但仍然推荐选购生产日期距当前日期最近的罐头食品。如果罐头食品的包装上没有标注生产日期，则不要购买。罐头的正常状态是底部和顶部平整或略向内凹入，罐身没有凸起或挤压的痕迹。如果罐头的底部或顶部向外凸出，则说明罐内已有细菌繁殖而产生气体，导致罐内压力大于外界空气压力。此时，罐内食物可能已经变质，请勿购买。罐头外表应干净、无污物和无锈斑。如果罐头外表褪色，说明它可能经过了长期日晒，请勿购买。注意检查罐头是否有液体漏出的情况，如果有，则说明罐内食物可能已经变质。推荐购买容量较小的罐头食品。

龙利鱼豆腐羹

份数：2 份 | 准备时间：5 分钟 | 制作时间：10 分钟

每份

能量 （kcal）	膳食纤维 （g）	蛋白质 （g）	脂肪 （g）	净碳水化合物 （g）
179	2.5	18	7	11

　　"豆腐 + 鱼 + 鸡蛋"的美食组合带有自然的咸鲜风味，荤素食材皆能提供丰富的脂肪和蛋白质。这款豆腐羹富含多种脂肪酸，如龙利鱼中的 ω-3 脂肪酸有助于减轻身体的炎症反应，并促进瘦素的分泌。而且，龙利鱼的脂肪含量较低，而豆腐和鸡蛋中的脂肪恰好能弥补这一缺陷。

北豆腐	200 g	香葱	1 根	白胡椒粉	$1/_{16}$ 茶匙
龙利鱼	55 g	酱油	2 茶匙	黑胡椒粉	$1/_{16}$ 茶匙
鸡蛋	1 枚	料酒	1 汤匙	香油	约 5 滴
口蘑	65 g	五香粉	$1/_8$ 茶匙		
油菜	150 g	海盐	$1/_{16}$ 茶匙		

1. **准备食材**：龙利鱼和油菜切为 0.5 cm 见方的小丁；口蘑切薄片；香葱切葱花；用手将北豆腐捏烂；鸡蛋打成蛋液。

2. **调味**：在碗里将一半量的葱花和其余的所有食材（香油除外）拌匀，并将其倒入烤碗。

3. **蒸制**：在蒸锅里加入足量的清水，然后放入烤碗，以最大火将水蒸开，再转大火蒸 5 ~ 7 分钟，待鱼蒸熟后关火闷 3 分钟。

4. **调味**：将蒸好的豆腐羹搅拌几下，撒上剩余的葱花，再淋上香油拌匀，尝味后依口味喜好酌情加入适量酱油或海盐（原料用量外）调味。

小贴士

1. 可用嫩豆腐代替北豆腐。嫩豆腐水分更多，口感更软嫩，但营养价值略低于北豆腐。

2. 若使用味道不发涩的蔬菜，则无须将其焯水；若使用味道发涩的蔬菜，则需提前将其焯水。

鸡蛋过敏者：可省略鸡蛋。
海鲜过敏者：可用熟黑豆和紫菜代替龙利鱼。
蛋奶素食者：同上。
需要摄取更多的能量时：可搭配米饭或面食食用。
需要摄取更少的能量时：可搭配杂粮粥食用。

食材课堂：海鲜

认识海鲜

表 2-3 对海鲜进行了系统的介绍与对比。

表 2-3　海鲜类对比

名称	特点	推荐种类	加工产品	适合做法	肠胃功能弱、身形瘦弱的人	肠胃功能正常、体重超标想减重或体重正常想减脂的人
鱼类	• 富含优质脂肪，有助于减脂和减少运动后的炎症反应 • 不饱和脂肪酸含量较高，人体更易消化 • 蛋白质含量高，生物价与畜肉类相近 • 营养价值高，牛磺酸含量高于畜肉类 • 富含 EPA 和 DHA，能促进大脑发育，防止动脉硬化 • 柔软易熟，消化率和吸收率高	• 三文鱼 • 金枪鱼 • 龙利鱼 • 秋刀鱼 • 黄花鱼 • 沙丁鱼 • 带鱼 • 鳕鱼 • 鳟鱼 • 鳗鱼	• 鱼松 • 鱼片 • 鱼丸 • 鱼油	• 煎 • 烤 • 炒 • 炖 • 清蒸 • 煮粥 • 煲汤 • 涮火锅 • 做沙拉 • 做寿司	✔	✔
虾类	• 脂肪含量低 • 蛋白质含量高 • 营养价值高 • 易熟，易被人体消化	• 市场中最新鲜的品种 • 冷冻的虾一般分为两种：有虾壳的虾肉更软嫩；无虾壳的虾肉更便于备菜，但口感易变差，应格外注意烹饪时间。 • 小虾仁适合用于做沙拉和炒制	• 虾皮 • 海米 • 虾丸 • 虾油 • 虾酱	• 煎 • 烤 • 白灼 • 清蒸 • 煲汤 • 煮粥 • 煮面 • 炒饭 • 炒面 • 做饼 • 涮火锅 • 做沙拉 • 做寿司	✔	✔
贝类	• 脂肪含量一般低于鱼类 • 蛋白质含量高 • 营养价值高，牛磺酸含量高于鱼类 • 富含锌和 B 族维生素 • 易熟	• 青口贝 • 蛤蜊 • 生蚝 • 扇贝	• 干贝（又名瑶柱）	• 同虾类		✔

表格说明：

· 各地对不同海鲜的称谓有所差异，贝类的名字尤其多，因此在遇到有疑义的海鲜名时，可以借助互联网进行搜索。

· 海鱼和淡水鱼各有优缺点，根据个人喜好选择即可。在日常生活中，推荐交替食用海鱼和淡水鱼。

· 干贝的味道浓郁，且便于储存。

食用建议

◇ 控制海鲜的食用量。海鲜的每日食用量不应超过 75 g（熟重），且不应每天食用，一周食用 1 ~ 2 次即可，否则易导致以下问题：一是会引起肠胃不适，肠胃功能较弱的人尤其需要注意；二是会使汞等污染元素的摄取量超标；三是会使患有痛风、高尿酸或肝肾功能障碍的病人产生不适。

◇ 食用在正规的市场上购买的最新鲜的海鲜。

◇ 食用烹饪至熟透的海鲜。

◇ 不可在食用海鲜的同时食用大量冰镇食物，否则容易刺激肠胃，从而导致腹泻。

◇ 将生姜和紫苏搭配海鲜同食能够起到保护肠胃的作用。

◇ 不要用海鲜代替主食和蔬菜。海鲜应搭配富含膳食纤维和碳水化合物的粗粮同食，如糙米饭、红薯或玉米。

芝麻酱面条沙拉

份数：2 份 | 准备时间：10 分钟 | 制作时间：8 分钟

每份				
能量 （kcal）	膳食纤维 （g）	蛋白质 （g）	脂肪 （g）	净碳水化合物 （g）
363	6	14	18	41

　　这道芝麻酱面条沙拉富含多种脂肪酸，其中的芝麻酱、花生酱、香油、毛豆和芝麻各有所长，相得益彰。它改变了传统麻酱拌面以面为主的做法，创造性地加入了多种蔬菜；以粗粮面条代替精制面条，有利于防止血糖水平上升过快，维持饱腹感，并增加 B 族维生素和膳食纤维的含量；省去将酱料高温加热的步骤可保留其中脂肪酸的营养，降低人因摄取被高温加热的油脂而引发潜在疾病的风险；用拥有自然甜味的橙子代替精制糖，既能增加维生素 C 的含量，又有助于人体吸收芝麻酱中的非血红素铁。

芝麻酱汁部分		辣酱	2 g	绿豆芽	30 g
芝麻酱	45 g	黑胡椒粉	$1/4$ 茶匙	毛豆	40 g
无糖无盐花生酱	15 g	鲜榨橙汁	6 茶匙	香菜	10 g
姜末	少许	配菜部分		香葱	1 根
蒜	1 瓣	胡萝卜	30 g	苹果	$1/2$ 个
酱油	1 汤匙	黄瓜	60 g	其他部分	
白醋	1 汤匙	红甜椒	40 g	粗粮面条	55 g
鱼露	$1/4$ 茶匙	紫甘蓝	40 g	黑芝麻（或白芝麻）	少许
香油	$1/2$ 茶匙	绿叶菜（油菜或菠菜）	50 g	海盐	适量

1. **拌酱汁**：先将蒜压成泥，再在碗里将芝麻酱汁部分的所有食材拌匀，备用。

2. **备菜**：胡萝卜、黄瓜、红甜椒、紫甘蓝和去皮后的苹果切细丝；绿叶菜切为长 2 cm 的小段；香菜切菜末；香葱切葱花。

★ 好吃的关键：相关配菜切出的丝越细，口感越好，越容易入味。

3. 用煮锅将清水烧开后，放入粗粮面条，按其包装上的建议时长进行煮制，熟后捞出过凉水，备用；依次将准备好的胡萝卜丝、绿叶菜段、绿豆芽和毛豆用煮面的水快速焯水，然后沥干；绿叶菜段需额外过凉水，并用手挤去其余的水分。

4. **拌面**：在碗里将煮好的粗粮面条、拌好的芝麻酱汁和焯水后的配菜拌匀，再撒上黑芝麻，尝味后依口味喜好酌情加入适量海盐和白醋（原料用量外）调味。

小贴士

1. 若市售的芝麻酱的表面漂着一层浮油，则说明其放置时间较长，不推荐购买。
2. 推荐购买超市中现磨的芝麻酱，也可以在家自制芝麻酱。
3. 可用意大利面、全麦面、鸡蛋面、荞麦面、乌冬面或其他个人喜欢的面条代替粗粮面条。
4. 推荐使用是拉差辣椒酱或韩式辣酱，也可使用其他个人喜欢的辣酱。
5. 虽然用以制作芝麻酱汁的配料较多，但尽量不要减省；配菜可以根据情况灵活调整。

麸质过敏者：可用无麸质面条或米粉代替粗粮面条。
需要摄取更多的能量时：可搭配含有蛋白质或脂肪的食物，如鸡胸肉、鸡蛋或牛油果。
需要摄取更少的能量时：可减少芝麻酱汁或粗粮面条的用量。

肉夹馍

份数：1份 | 准备时间：3分钟 | 制作时间：3分钟

	每份			
能量 （kcal）	膳食纤维 （g）	蛋白质 （g）	脂肪 （g）	净碳水化合物 （g）
344	2	26.7	12	29.6

　　这款以牛肉为原料制作的肉夹馍可以作为运动后的快手餐。很多人认为红肉的脂肪含量高，所以在减脂时拒绝食用红肉。实际上，在减脂时无须拒食红肉，因为适量的动物脂肪是人体所必需的，尤其是人在进行规律运动的情况下，适量摄取动物脂肪有助于稳定食欲。此外，红甜椒不仅可以增加食物的风味，维生素 C 含量还很高，可以提高人体对牛肉中的铁和锌的吸收率，而且凉拌有利于减少维生素 C 的流失。如果你偏爱辣味，还可以加入一些切碎的小辣椒。

馅料部分		香菜	8 g	黑胡椒粉	$^1/_8$ 茶匙
酱牛肉	100 g	酱油	2 茶匙	**其他部分**	
红甜椒	30 g	米醋	1 茶匙	发面饼	1 个
香油	3 g	料酒	1 茶匙		

1. 酱牛肉剁馅；红甜椒切小粒；香菜切碎；将馅料部分的所有食材拌匀，并等待酱牛肉入味。

2. 用微波炉加热发面饼 10 秒左右，然后用刀将其从中间横切为两半，再把拌好的馅料夹到里面即可。

小贴士

1. 若使用本身已有一定咸度的酱牛肉，则需减少酱油的用量。
2. 香菜和红甜椒是这款肉夹馍的"点睛之笔"，不建议省略。不过，肠胃功能较弱的人可省去红甜椒，以防其刺激肠胃而引发胀气。

需要摄取更多的能量时：可用等量的馅料搭配 2 个发面饼。
需要摄取更少的能量时：可用火鸡肉代替牛肉。

食材课堂：红肉

认识红肉

不同部位的猪肉、牛肉和羊肉等红肉的脂肪含量差异很大，有减脂需求的人应购买脂肪含量较少的红肉部位。表 2-4 中对猪肉、牛肉和羊肉的特点、部位、相关熟食、适合的做法进行了简单的介绍，并对不同人群提出了食用建议。注意，世界各地对猪肉、牛肉和羊肉的不同部位的称谓区别很大，切割方法也存在差异，因此表 2-4 中红肉各部位的名称仅供参考。若你暂时难以分清各种红肉的名字，可选择食用白色脂肪最少的红肉，因为这种红肉的脂肪含量一般较低。例如，猪里脊肉是猪肉最瘦的部位，呈长条状，红色的肉质之间不会夹杂明显的白色脂肪。此外，更简单的方法是让卖肉师傅直接卖给你最瘦的红肉部位。

表 2-4　三种红肉的对比

名称	特点	部位	相关熟食	适合的做法	肠胃功能弱、身形瘦弱的人	肠胃功能正常、体重超标想减重、体重正常想减脂的人
猪肉	• 不同部位的脂肪含量差异很大，人体对猪脂肪的消化率高达 90% 以上 • 蛋白质含量高，平均占比为 15% 左右 • 比牛肉和羊肉更易熟，口感更嫩	• 最瘦的部位：猪里脊肉 • 较肥的部位：五花肉、猪前肘、猪头肉和猪蹄 • 剩余的部位，如猪排骨，介于最瘦和最肥之间	• 培根 • 腊猪肉 • 熏猪肉 • 酱猪肉 • 午餐肉 • 猪肉脯 • 猪肉香肠 • 猪肉火腿	• 脂肪含量少的猪肉适合快炒、煎制和涮火锅 • 脂肪含量多的猪肉适合烤、炖、煮和红烧	✔	
牛肉	• 不同部位的脂肪含量差异很大，牛脂肪比猪脂肪难消化 • 蛋白质含量高，平均占比为 20% • 相对更难嚼烂	• 较瘦的部位：牛里脊肉、牛仔盖肉、牛腱子和牛上后腰脊肉 • 较肥的部位：牛胸肉和牛肋眼 • 剩余的部位，如牛腩和牛肋排，介于最瘦和最肥之间	• 牛肉干 • 牛肉罐头 • 牛肉饼	• 快熟：西式做法一般为做牛排，中式做法一般为炒制和涮火锅 • 慢熟：炖、煮、做酱牛肉和低温慢烤 • 带骨头的牛肉常被用来炖汤		✔
羊肉	• 不同部位的脂肪含量差异很大 • 蛋白质含量高，介于猪肉和牛肉之间 • 肉质比牛肉更细腻 • 膻味较重	• 较瘦的部位：羊里脊肉和羊元宝肉 • 较肥的部位：羊颈肉、羊腩、羊肋排和羊胸肉 • 剩余的部位介于最瘦和最肥之间	• 较少见	• 炖 • 煮 • 烤 • 涮火锅 • 做酱羊肉 • 做烧羊肉	✔	✔

常见误区

误区一：减脂者不能食用红肉

红肉的传统烹饪方式易给人留下"红肉非常油腻"的错误印象，因为红烧五花肉、酱肘子和炸排骨等菜肴不仅选用的是较肥的红肉部位，烹饪时还加入糖和食用油，甚至要进行油炸。

其实，因体重超标而想减脂的人若每天食用 50 ~ 75 g 以健康的方式烹饪的脂肪较少的红肉，并不会影响减脂效果。

误区二：价格越高的牛肉越好

在一般情况下，价格高的牛肉不仅脂肪含量高，脂肪还会呈雪花状均匀密布在瘦肉中间，因为这样的牛肉鲜嫩多汁、入口即化，能给人以味觉上的享受。

因此，不必购买价格最高的牛肉，而要根据个人的需求进行选择，放弃既昂贵又不符合减脂需求的牛肉部位，例如牛侧肋排的脂肪含量高，肥肉和瘦肉交错在一起，骨头还多，价格几乎是牛瘦肉的一倍。

误区三：健身者一定要食用牛排

健身者不一定要食用牛排。人们会产生此印象的主要原因是健身的概念是西方的"舶来品"，中国最开始的健身餐都参考西式的做法，而牛排在西方饮食中又比较常见，所以就容易给人留下健身者一定要食用牛排的印象。实际上，食用牛排对健身的效果影响不大，在日常中做到饮食多样化才是关键。

误区四：食用红肉会致癌、发胖和患"三高"等

食用红肉会引发一系列疾病的错误观念主要是以下几个原因造成的：先入为主、断章取义和以偏概全。

食用建议

◇ 尽量减少食用红肉制品，如香肠、培根和午餐肉。

◇ 避免食用过肥的红肉，如五花肉和肘子。若食用此类红肉，每月不可超过 2 次。

◇ 避免过度加工红肉或使用不健康的方式加工红肉，如对红肉进行油炸、炒糖色和长时间高温烤制等。

◇ 避免在烹饪红肉时添加过多的食用油、糖和盐。

◇ 不可单次食用过多的红肉，否则易引发急性胰腺炎。

◇ 红肉的每日推荐食用量为 50 ~ 100 g（熟重），其量为 2 ~ 3 根手指的大小，而且红肉的每周食用量不应超过 500 g（熟重）。

◇ 养成健康的生活方式。简单归因是常见的思维误区，就像一种疾病的产生不会只由一个因素造成，一定是多个因素共同造成的。例如，大量食用红肉的人群一般都还有膳食纤维摄取过少、精制碳水化合物摄取过多、久坐和运动量少等不良行为，其中运动量少更是危害身体健康的关键因素。

水果巧克力冰激凌

份数：3 份 | 准备时间：10 分钟 | 制作时间：2 分钟

能量 （kcal）	膳食纤维 （g）	蛋白质 （g）	脂肪 （g）	净碳水化合物 （g）
217	8	3.9	8.5	36

　　在这款冰激凌中，营养丰富的牛油果作为脂肪的优质食物来源代替了动物奶油，可使冰激凌的口感更加细腻润滑。传统冰激凌的营养价值低，仅含有大量脂肪和糖分，不含有其他营养素，而这款冰激凌的碳水化合物和脂肪含量适中，还含有膳食纤维、蛋白质以及多种维生素和矿物质，合理食用反而有助于身体燃脂。此外，可根据个人口味在冰激凌中加入其他食材，例如花生酱、水果块、抹茶粉或打成泥的腰果、开心果，从而使脂肪酸的来源更加丰富。

香蕉	3 根（中）
牛油果	1 个（中）
无糖可可粉	25 g

1. **冷冻香蕉**：先将香蕉剥皮、切片后装入袋子，再放进冰箱的冷冻柜，直至其变硬。

★ 香蕉切片前需剥去白丝，否则会有苦涩味。

2. **回温**：提前 10 ~ 15 分钟把香蕉片从冰箱中取出，使其回温至能每片分离的程度。

★ 回温时间不应太久，否则香蕉片会渗出水分。

3. **准备模具**：可使用冰激凌模具，也可直接将小碗作为模具。

★ 若使用金属模具，可提前铺上油纸以防刮花。

4. **打泥**：先将牛油果切开、去核，再用料理机把所有食材打成泥。

★ 如果料理机的容量较小，可分批搅打。

需要摄取更多的能量时：可加入适量蛋白粉。
需要摄取更少的能量时：可只放 $^1/_2$ 个牛油果。

小贴士

1. 冷冻的香蕉片在打泥后会拥有冰激凌奶昔的口感，但如果搅打的时间过长，这种口感会有所改变。

2. 不建议用未冷冻的香蕉片打泥，因为若料理机的温度过高，会使香蕉片氧化变色。

3. 如果想让冰激凌的口味更甜，可加入适量的罗汉果糖或蜂蜜。

5.冷冻定型：用刮刀把做好的食物泥倒入准备好的模具中，将其冷冻定型，定型时间一般为 4 ~ 6 小时。

★ 若使用小碗作为模具，冷冻 2 小时即可；若时间充裕，冷冻时可每隔 30 分钟用勺子对食物泥进行搅拌，以防止产生冰渣。

食材课堂：牛油果

认识牛油果

在图 2-12 中，从左到右依次为未成熟、即将成熟和已成熟的牛油果。未成熟的牛油果呈青色，手感很硬；已成熟的牛油果颜色最深，表面会出现明显的皱纹，手感很软。

图 2-12　不同成熟度的牛油果

成熟的牛油果与未成熟的牛油果相比，成熟的牛油果的果核更小，果肉更绵密，而未成熟的牛油果的果肉水分更大，但质地不够浓厚、绵密。

判断牛油果是否成熟的小窍门

　　把牛油果顶部的果蒂抠掉，根据里面露出的颜色判断即可。

　　在图 2-13 中，从上到下依次为未成熟、即将成熟和已成熟的牛油果，其相关部位的颜色分别为青黄色、深青黄色和深黄色。

图 2-13　不同成熟度的牛油果的区别

过量摄取
蛋白质
对身体有害！

很多减脂新手会执行高蛋白低碳水饮食法，几乎每餐都只食用一整块鸡胸肉和适量蛋白粉。但事实证明，营养素的摄取不均衡会对人体健康产生负面影响。

▶在蛋白质的摄取方面，一般存在两类极端人群：一类人群追求清淡饮食，每餐都仅以粥为主食，以蔬菜和水果为副食，从而导致蛋白质摄取不足；另一类人群则恰恰相反，每餐都只食用鸡胸肉、牛肉和蛋白粉，从而导致蛋白质摄取过量，造成脂肪囤积，影响身体健康。

摄取的蛋白质过少会对肠黏膜和消化腺造成伤害，使人出现腹泻、畏寒、手脚冰凉、易水肿、消瘦、肌肉萎缩且松垮、脱发、生长发育迟缓、贫血、月经不调、免疫力下降、伤口愈合缓慢和容易饥饿等症状；摄取的蛋白质过多会使人在用餐后排出极臭的、腐烂味的屁，这与因过量食用含膳食纤维较多的淀粉类食物而排出的响而不臭的屁不同。

我曾经在蛋白质的摄取方面犯过以下错误，希望大家引以为戒。

第一，盲目模仿健身人士和健美人士食用鸡胸肉，认为多食用鸡胸肉就能多长肌肉。实际上，我的训练量相对较少，被过量摄取的蛋白质不仅无法被身体吸收，反而徒增肠胃负担。

第二，认为在锻炼后的 30 分钟内食用蛋白粉就一定能长肌肉。事实证明，把控训练的强度和改善饮食习惯才是实现增肌的关键。

第三，忽视蛋白质应搭配碳水化合物一起摄取。若要充分发挥蛋白质修复肌肉的作用，必须有碳水化合物的帮助，而由于惧怕增重而不敢摄取碳水化合物是减脂新手常犯的错误。

第四，认为只摄取蛋白质不会使血糖水平发生变化，从而引起胰岛素波动。有一项针对未患糖尿病的健康人群的研究结果显示，食用蛋白质含量高的食物所引起的胰岛素波动比人们想象中的要大。其实，身体健康且进行规律运动的人不必过于在意血糖水平的变化，正常进食即可，重要的是控制全天总能量和蛋白质的摄取量。若过于在意血糖水平，例如只食用蒸红薯或连蒸红薯都不敢食用，那就属于小题大做，会浪费太多精力在毫无用处的细枝末节上。

深度
了解
蛋白质

蛋白质具有复杂的化学结构，是构成细胞的基本有机物，也是人体进行生命活动所必需的营养素。蛋白质的英文"protein"来源于希腊语"proeios"，意为"头等重要"。蛋白质是组成人体所有组织和器官的重要成分，而心脏、肝脏、肾脏、肌肉、骨骼和牙齿等人体部位更是需要大量的蛋白质。此外，人体内激素的分泌和神经递质的传递也需要蛋白质的参与。除去水分，蛋白质约占细胞内物质的 80%，因此蛋白质可称为生命的物质基础，即如果没有蛋白质，就没有生命活动的存在。

碳水化合物和脂肪中仅含有碳、氢和氧，不含有氮，而蛋白质是人体中氮的唯一来源，所以从饮食中摄取的蛋白质不能被碳水化合物和脂肪所代替。

在减脂领域，蛋白质同样是人们非常关注的对象。幸运的是，蛋白质在人体生命活动中的重要作用被普遍认同，而不像碳水化合物和脂肪一样，经常被极端的饮食法"妖魔化"或夸大作用。

不过，在蛋白质的摄取方面，减脂新手通常存在一些误区，例如蛋白质的摄取来源过于单一。在减脂时，有的减脂新手只食用水煮鸡胸肉和水煮鸡蛋，有的减脂新手过于依赖食用蛋白质补剂来摄取蛋白质。他们认为只要蛋白质的摄取量达标，哪怕蛋白质的来源过于单一也没关系。虽然在短期内采用这样的饮食方式并无大碍，但是长此以往，人易因所食食物的种类过于单一而缺乏某些营养素。再例如，部分素食的减脂人群所摄取的蛋白质质量通常较低，而且没有学会利用蛋白质的互补作用。他们虽然摄取了足量的蛋白质，但所摄取的蛋白质的利用率较低，以致并未满足身体对蛋白质的需求，从而减慢了运动后身体的恢复速度。而且，蛋白质的摄取量过多或过少都会对身体产生不利的影响，例如有些健身者所摄取的蛋白质过多，这不仅会造成蛋白质的浪费，还会增加肠胃的消化负担。

对减脂新手而言，存在以上的减脂误区是正常情况，不必担心，本章会对这些问题进行系统的讲解。在阅读本章后，你就能根据自身的需要，合理地选择、搭配和烹饪富含蛋白质的食材，让它们为你的减脂或增肌发挥最大的作用。

蛋白质的
消化与吸收

蛋白质的消化从口腔开始，但与碳水化合物和脂肪的消化有所不同——唾液中不含能水解蛋白质的酶，所以蛋白质真正意义上的消化过程以胃为起点。不过，胃只能消化少量蛋白质，小肠才是蛋白质的主要消化场所。

虽然口腔中的唾液不能消化蛋白质，但是咀嚼运动会刺激胃壁分泌促胃液素，以使促胃液素来帮助消化到达胃的蛋白质。促胃液素会刺激胃酸和胃蛋白酶原的释放，而当二者接触时，一种活性酶——胃蛋白酶会被激活。随后，胃酸可让食物中的蛋白质变性而更易被分解，胃蛋白酶则把蛋白质从较长的多肽链水解为较小的肽链。于是，就像烹饪前的备菜一样，胃完成了对蛋白质的"切割"工作，较小的肽链接着进入小肠进行下一步的消化。所以，食用肉类的时候不要狼吞虎咽，尤其是易消化不良的人，因为无论从物理反应还是从生化反应来说，咀嚼运动都有助于消化。

未被完全消化的蛋白质从胃来到了小肠中的十二指肠，这时小肠会分泌肠促胰液素和胆囊收缩素。肠促胰液素主要负责中和胃酸，在进食结束后帮助体内恢复酸碱平衡；胆囊收缩素主要作用于胰腺，刺激其释放胰蛋白酶、胰凝乳蛋白酶、羧肽酶和弹性蛋白酶进入小肠。在小肠中，蛋白质被这些蛋白酶进一步水解为更短小的多肽，再由肽酶和氨基肽酶水解为氨基酸和小肽。以上就是蛋白质的消化过程，如图 3-1 所示。

蛋白质被小肠吸收后，会经由肝门静脉被运送到肝脏中。肝脏就像一间调度室，会根据身体的实际需要对营养素进行调配，例如，一部分氨基酸会被用于合成肌肉，一部分氨基酸会进入血液循环被用于体内各个器官的生长和更新，一部分氨基酸会转化为葡萄糖或甘油三酯为身体提供能量，还有一部分氨基酸被分解成含氮废物随尿液排出。最后，剩余的蛋白质从小肠到达大肠，经过细菌发酵后作为粪便排出。

论知识的缺乏会使你无法预知这种改变对身体所造成的影响。

诚然，关于碳水化合物、脂肪和蛋白质的消化与吸收过程的理论知识相对枯燥，不过你无须死记硬背，了解即可。其实，若非专业人员，普通人即便知道这些理论性的知识，也很难将其与实际用餐联系起来，从而陷入理论无法应用于实践的窘境。

但是，我最终还是决定讲解它们，原因有二：一是基础的理论知识对减脂非常重要，灵活调整饮食需要有理有据；二是我希望减脂新手能明白在食物消化的背后有着非常复杂的生化过程，各种因素交错地互相影响，牵一发而动全身，很多问题科学界至今也未完全解决，所以即使理论知识相对无趣，我们还是应对身体的运行规律保持敬畏之心。你如果没有系统地学习过这些复杂的生理知识，则不要突然大幅度地改变个人的饮食方式，如执行完全不摄取某种营养素的减脂饮食法，因为理

图 3-1　蛋白质的消化过程

延伸阅读⑥

摄取蛋白质
重质不重量

人体所摄取的蛋白质的质量需要被更加重视。目标是增肌或减脂的人群不应仅单纯地关注蛋白质的摄取量，还应关注所摄取的蛋白质中必需氨基酸的含量，因为营养价值高的蛋白质是促进肌肉合成的重要因素。

摄取完全蛋白质

氨基酸是组成蛋白质的基本单位，常见的组成人体内蛋白质的氨基酸有20种。其中，人体不能合成或合成速度不够快而必须从食物中摄取的氨基酸为必需氨基酸，如支链氨基酸——亮氨酸、异亮氨酸和缬氨酸；其余为非必需氨基酸，即能在人体内自行合成的氨基酸。注意，"非必需"的意思不是人体不需要，而是即使不从食物中摄取也能在人体内自行合成。

根据所含氨基酸的种类和含量，蛋白质可以分为以下3大类。

完全蛋白质：高质量蛋白质，所含必需氨基酸的种类齐全、含量较高且比例合适，可基本满足人体对蛋白质的需求，易被人体消化和吸收，可维持成年人的身体健康，并促进儿童的生长发育。此类蛋白质包括奶制品中的酪蛋白和乳清蛋白，蛋类中的卵白蛋白和卵磷蛋白，肉类中的白蛋白和肌蛋白，大豆中的大豆蛋白，小麦中的麦谷蛋白和玉米中的谷蛋白等，最简单的方法就是记住"肉蛋奶"中都含有完全蛋白质。不过，大豆所含的蛋白质虽然属于完全蛋白质，但其中必需氨基酸的含量比以上其他几种动物蛋白少很多，只是优于其他植物蛋白，因此建议将大豆搭配奶制品、肉类和鸡蛋等食用。

半完全蛋白质：所含必需氨基酸的种类、含量和比例不如完全蛋白质那么理想，可以维持人体的生命活动，但不能促进儿童的生长发育，包括小麦中的麦胶蛋白等。

不完全蛋白质：所含必需氨基酸的种类不全，含量较低，无法满足人体代谢所需，既不能维持人体正常的生命活动，也不能促进儿童的生长发育，包括玉米中的胶蛋白、豌豆中的豆球蛋白以及蹄筋和肉皮中的胶质蛋白等。

在减脂时，通过运动前和运动后的两餐摄取完全蛋白质，如食用鸡蛋和乳清蛋白粉，能最大程度地促进肌肉合成，并防止肌肉降解。当其他必需氨基酸存在时，亮氨酸的增加会向肌肉细胞发出开始合成新的蛋白质的信号，从而促进肌肉的生长和修复。鸡蛋、奶制品、鱼类、鸡胸肉和猪里脊肉的亮氨酸含量都较高，而且"乳清蛋白＋酪蛋白"的组合可以非常有效地刺激肌肉生长，例如"乳清蛋白粉＋酪蛋白粉"、"乳清蛋白粉＋茅屋奶酪"、"乳清蛋白粉＋牛奶"和"牛奶＋茅屋奶酪"等组合。

在日常生活中，身体健康的成年人不必过于关注非必需氨基酸的摄取，因为人类只有在婴儿期、受外伤时、生病时和受精神类创伤时，才需要额外增加非必需氨基酸的摄取量。

关注蛋白质消化率

蛋白质消化率指蛋白质在人体内被分解和吸收的程度，是评价食物中蛋白质营养价值的指标之一。蛋白质消化率越高，蛋白质被人体吸收的概率越大，营养价值也就越高。因此，在选择食物时，不仅要关注食物的蛋白质含量，还要考虑其蛋白质消化率。例如，奶制品的蛋白质消化率为 97% ~ 98%，蛋类的蛋白质消化率为 98%，肉类的蛋白质消化率为 92% ~ 94%，而植物中由于含有膳食纤维和多酚类化合物等抗营养因子，其蛋白质消化率低于动物蛋白。

不同食物的蛋白质消化率差异很大，而且即使是同种食物，若加工方式不同，其蛋白质消化率也会存在很大差异。例如，整粒大豆的蛋白质消化率仅为 60%，但大豆被加工成豆制品后，其蛋白质消化率可提高至 90%。此外，人的身体健康状况、精神状态、饮食习惯和就餐环境也会对食物的蛋白质消化率产生影响。

重视蛋白质利用率

蛋白质利用率指食物中的蛋白质经过

消化与吸收后在人体内被利用的程度，一般通过生物价的高低来反映。食物的生物价高，说明其蛋白质利用率高，营养价值也高。生物价最高值为100，食物中的鸡蛋的生物价最接近100。常见食物的生物价见表3-1。

表3-1　常见食物的生物价

食物	生物价	食物	生物价
鸡蛋	94	扁豆	72
鸡蛋白	83	绿豆	58
鸡蛋黄	96	蚕豆	58
牛奶	90	高粱	56
鱼肉	83	小米	57
牛肉	76	玉米	60
猪肉	74	白菜	76
大米	77	红薯	72
小麦	67	马铃薯	67
生大豆	57	花生	59
熟大豆	64	豆腐	65

食物的生物价越低，其蛋白质利用率越低，即所摄取的蛋白质的实际利用量越少，以致蛋白质的实际摄取量并未达到该食物在食物营养表上所标注的蛋白质含量，此时人只能通过增加进食量的方式来增加蛋白质的实际摄取量，但这会增加肠胃负担，造成过度饱腹；食物的生物价越高，其中的蛋白质在人体内的实际利用量越多，因此人无须食用过量的食物就能摄取足够的蛋白质，这可以减轻消化系统的负担，防止过饱。所以，科学的配餐可能看起来食材不多，但由于食材搭配合理，食用后也能使人产生饱腹感；变相的节食餐可能看起来食材较多，但食用后却不会使人产生饱腹感。

利用蛋白质的互补作用

蛋白质的互补作用指将两种或两种以上的食物混合食用，使各食物中的必需氨基酸互相补充，让必需氨基酸的种类、含量和比例符合人体所需，最终使混合食物的营养价值高于单个食物的营养价值。例如，常见的食物组合有"谷物＋豆类"，因为玉米、面粉、小米和大米等谷物的赖氨酸含量较低，蛋氨酸含量较高，而大豆等豆类恰好与之相反，因此将二者混合食用可发挥蛋白质的互补作用，提高混合食物的营养价值。

此外，混合摄取动物蛋白与植物蛋白，比单纯混合摄取植物蛋白的效果更好。推荐混合食用谷物、豆类、肉类、蛋类和奶制品，例如生物价分别为67、57、64和76的面粉、小米、大豆和牛肉，按照一定比例混合后，它们的生物价可升至89。

其实，大部分国家的传统美食都发挥着蛋白质的互补作用，例如中国的红豆包、红豆黄米糕、八宝饭、腊八粥、豆浆搭配包子和鸡蛋、土豆炖牛肉搭配米饭，以及炸酱面搭配黄豆等；墨西哥的米饭搭配豆子泥和牛肉；韩国的米饭搭配牛肉和豆芽；日本的米饭搭配纳豆和烤鱼，做面包时添加牛奶、鸡蛋和玉米粒，以及用花生酱制作奶酪三明治等。

表 3-2 中是常见食物的蛋白质互补组合，你可在平时烹饪时进行尝试。

表 3-2　常见食物的蛋白质互补组合

食物组合	举例
小麦 + 大豆	面包 + 豆浆 / 纳豆 / 豆瓣酱 / 天贝
玉米 + 小米 + 大豆	玉米饼 + 小米粥 + 纳豆 / 豆瓣酱 / 天贝
玉米 + 小麦 + 大豆 + 牛肉	玉米饼 + 纳豆 / 豆瓣酱 / 天贝 + 酱牛肉
豆腐 + 面筋 + 坚果酱	煮豆腐 + 煮面筋 + 花生酱
鸡蛋 + 土豆	鸡蛋土豆烘饼
牛肉 + 土豆	土豆炖牛肉
小麦 + 牛奶 + 鸡蛋	用加入牛奶和鸡蛋的小麦粉制作面包
谷物 + 坚果酱 + 豆类 + 鸡蛋	面包 + 花生酱 / 杏仁酱 + 纳豆 / 豆瓣酱 / 天贝 + 水煮蛋
燕麦 + 坚果酱	燕麦粥 + 花生酱 / 杏仁酱
面条 + 豆类	拌面 + 豌豆 / 豆芽 / 黄豆

注意，无须过于担心某一餐中摄取的蛋白质种类不全，只要与其相邻（4 小时内）的两餐都摄取足够的蛋白质和能量，且所摄取的蛋白质包括动物蛋白（如肉类、蛋类或奶制品）和植物蛋白（如豆类或谷物），身体就会从氨基酸代谢库中提取相应的蛋白质来弥补相邻的一餐中缺失的蛋白质。简而言之，可在前后两餐补上未在某一餐中摄取的蛋白质。

此外，蛋奶素食者若在日常中食用鸡蛋、牛奶、酸奶和豆制品，就不用担心因缺乏必需氨基酸而影响肌肉生长。但是，由于植物性食物的消化率与吸收率偏低，蛋奶素食者应注意总能量和各营养素的摄取量是否足够和使用的烹饪方式是否合理、健康。

纯素食者（连蛋类和奶制品也不食用的素食者）选择食物的范围较小，可选择的生物价高的食物也不多，因此更需注意食物的搭配，例如选择"谷物 + 豆类"的食物组合。同时，纯素食者由于选择食物的范围较小，容易导致能量、维生素和矿物质的摄取不足，因此应尽可能食用足量的全谷物、豆类、坚果和含有优质脂肪的食物，且在必要时额外食用植物蛋白粉、维生素补剂和矿物质补剂。

日常搭配饮食的 3 个原则

第一，不同种类的食物相互搭配优于同类的食物相互搭配，例如植物性食物和动物性食物互相搭配比纯素食或纯肉食更好。

第二，用于搭配的食材的种类越多越好，例如主食可以由米、面食、豆类和薯类组成。

第三，摄取不同蛋白质的时间越近越好。在一餐中应混合摄取各种蛋白质，如选择"谷物 + 肉类 + 豆类 + 蛋类 + 奶制品"的食物组合，因为各种氨基酸只有被同时摄取才能发挥互补作用，而单个氨基酸在血液中停留的时间只有 4 小时左右，所以要尽量在 4 小时内混合摄取各种蛋白质，尤其是当上一餐只食用了玉米等蛋白质质量相对较低的食物时。

蛋白质
的
摄取原则

蛋白质的优质食物来源

- **"肉蛋奶"**

  包括鱼类、虾类、贝类、鸡蛋、牛奶、奶酪、火鸡肉、鸡瘦肉、猪瘦肉、牛瘦肉、羊瘦肉和动物肝脏等。

- **豆类**

  豆类都含有蛋白质，其中黄豆、黑豆和青豆的蛋白质含量最高。毛豆是未成熟的黄豆，其蛋白质含量相对较低。此外，常见的含蛋白质的豆制品有豆腐、豆浆、天贝和纳豆等。

- **坚果**

  瓜子的蛋白质含量较高，如葵花子和南瓜子；淀粉类坚果的蛋白质含量较低，如栗子的蛋白质含量占比仅为 4% ~ 5%。每种坚果中组成蛋白质的氨基酸各不相同，但总体而言，坚果中的氨基酸种类不够齐全，所以推荐将坚果与其他食物搭配食用。

- **全谷物**

  含有少量蛋白质，精制米面中几乎不含蛋白质。

- **蛋白质补剂**

  可以视作食物，其中含有乳清蛋白、酪蛋白、大豆蛋白和卵蛋白等。它最大的优点是便携，适合在外出不便用餐时用以补充蛋白质，但并非必需品，肠胃功能正常的人完全可以从日常饮食中摄取可满足人体所需的高质量蛋白质。

深绿色叶菜、菌类蔬菜和鲜豆类蔬菜的蛋白质含量较高。一个人如果每天食用 400 g 绿叶菜，以其蛋白质平均含量占比为 2% 计算，则可以摄取 8 g 蛋白质，所以每日从蔬菜中摄取的蛋白质可以纳入全天蛋白质的总摄取量。不过，由于植物蛋白的利用率低，人又不可能一天食用过多的蔬菜，所以蔬菜不能作为蛋白质的主要食物来源。

水果的蛋白质含量极低，占比仅为 0.5% ~ 1.0%，可忽略不计，因此水果不能作为蛋白质的主要食物来源。不过，水果的特点是含有蛋白酶。蛋白酶含量较高的水果有木瓜、菠萝、无花果和猕猴桃，其中木瓜撞奶的制作原理就是蛋白酶的凝乳作用。蛋白酶具有分解蛋白质的作用，在生活中常见于用来嫩化肉类的嫩肉粉。肠胃功能很弱的人在饭前食用上述水果易引发过敏或不耐受，从而导致腹泻；肠胃功能正常的人则无须担心，正常食用即可。

不同人群的
蛋白质推荐摄取量

　　不同人群对蛋白质的需求量存在差异,因此蛋白质的推荐摄取量的范围较大。

　　总体而言,蛋白质的每日推荐摄取量有两种参考标准。一种是各国膳食指南中的蛋白质每日推荐摄取量,因为每个国家的膳食指南解决的是本国人在饮食方面最具共性的问题,提出的是针对近几年本国人在营养素的摄取方面的指导意见。各国的膳食指南推荐的是可满足本国绝大多数人最低营养需求的营养素摄取量,并规避一些常见的不利于健康的因素。也就是说,只要是健康的成年人,无论是青年人、中年人还是老年人,都在适用人群涵盖的范围内,无须考虑身高、体重、性别和生活习惯的差异。所以,膳食指南推荐的蛋白质摄取量往往低于健身人群对蛋白质的需

求量(其他营养素的推荐摄取量也存在同样的问题),因为它不关注健身人群对营养摄取、运动表现和改变身体成分(降低体脂以增加瘦体重)的需求。

　　中国营养学会推算中国成年男女的平均体重分别为 63 kg 和 56 kg,因此轻体力劳动者的蛋白质每日推荐摄取量分别为 75 g 和 60 g;中体力劳动者的蛋白质每日推荐摄取量分别为 80 g 和 70 g;重体力劳动者的蛋白质每日推荐摄取量分别为 90 g 和 80 g。此推荐量未考虑身高、年龄、运动情况、健康情况和伤病情况等个体差异,所以应辩证看待,可将其作为参考,但不可完全照搬。

　　需要明确的一点是,其实"需求量"也分为 3 个层次:最佳需求量、可行需求量和至少需求量。例如,由于政治、经济、

文化传统和个人习惯等因素的影响，不是所有地区和国家的人都有条件摄取最佳需求量的蛋白质，所以他们的膳食指南中的蛋白质推荐摄取量可能仅能基本维持人体内的氮平衡[①]，即满足人体对蛋白质的至少需求量。也就是说，不同的膳食指南给出的蛋白质推荐摄取量是不同的，你无须因为二者的差异而感到奇怪。

另一种是由运动营养学领域的研究人员细化后的蛋白质每日推荐摄取量，主要针对的是进行规律健身的健康人群，目标是帮助健身人群最大程度地保持瘦体重，提高运动表现和运动后的恢复能力，增强免疫力，促进身体健康，所以它会高于普通人群的蛋白质每日推荐摄取量。因此，下面会先简单说明没有运动习惯的人群的蛋白质每日推荐摄取量，然后重点说明健身人群的蛋白质每日推荐摄取量。

平均而言，成年人的蛋白质每日供能应占全天总供能的 10% ~ 35%，18 岁以下的青少年的蛋白质每日供能应占全天供能的 10% ~ 30%。在减脂期，蛋白质对保持肌肉量和增强饱腹感尤为重要，因此摄取量要比在保持期和增肌期更多。

正在培养运动习惯或已经有运动习惯的人要结合个人的实际情况，如运动情况、运动目标和胃口等因素，逐渐摸索出适合自己的蛋白质摄取量。

普通大众

普通大众的蛋白质每日推荐摄取量为 0.8 ~ 2.2 g/kg，即按照每千克体重摄取 0.8 ~ 2.2 g 蛋白质来计算。这类人若需全天在办公室久坐，几乎不运动，可先按照最低的标准摄取蛋白质，观察身体的反应后再适当增减。有研究结果表明，久坐人群按照此推荐量摄取蛋白质并没有坏处，只是如果不配合运动，也没有明显的好处。

会进行少量运动的刚开始减脂或增肌的人

这类人可根据个人体质的强弱和运动量的多少等因素，先在 1.2 ~ 1.8 g/kg 的范围内选择一个蛋白质摄取量，并尝试两个星期左右，观察身体是否出现消化不良或放臭屁等肠胃不适的症状，再灵活增减蛋白质摄取量。

运动员或运动量很大的人

这类人在减脂期若想最大化地增肌并保持瘦体重，可在 1.6 ~ 2.2 g/kg 的范围内摄取蛋白质，不过更理想的情况是按照 0.4 ~ 0.55 g/kg 的标准将蛋白质的摄取平均分配到每天的 4 餐中，即每餐摄取 20 ~ 40 g 蛋白质，例如体重 56 kg 的人每餐至少摄取 22.4 g 蛋白质。不过，此类人若不注重增肌，则最重要的应是确保摄

[①]氮平衡指人体内氮的摄取量和排出量的平衡状态。人在饥饿时、生病时和年老时一般处于氮的负平衡状态。希望增肌的健身人群、儿童、孕妇和康复期的病人都应保持氮的正平衡。

取足量的蛋白质，其次才是研究如何分配蛋白质的摄取。

规律地进行有氧耐力训练的人

这类人对蛋白质的需求量会略高于普通人。有研究结果表明，耐力运动员的蛋白质需求量是久坐人群的 1.67 倍。在研究实验中，当耐力运动员的每日蛋白质摄取量为 1.5 g/kg 时，才能保证体内的氮平衡。

规律地进行无氧训练的人

虽然人在运动时的主要供能物质是碳水化合物，但蛋白质也会被降解、氧化并参与代谢，尤其是当糖原耗尽时，蛋白质同样会发挥供能作用为身体提供能量。此类人每日摄取 1.5 ~ 2.0 g/kg 蛋白质即可补充在运动中被消耗的氨基酸，并帮助身体在运动后恢复活力。很多通过节食来减脂的人经常在早上空腹进行高强度间歇运动，并且在运动后只用一个苹果作为早饭，这会对身体造成严重的伤害。

规律地进行力量训练的人

这类人摄取足量的蛋白质是保证体内的氮平衡和细胞代谢正常进行的关键。此类人的蛋白质摄取量可以为 1.6 ~ 2.2 g/kg，但如果想追求更高的摄取量，也可以按照 2.3 ~ 3.1 g/kg 的标准摄取蛋白质。后者对健康人群同样是安全的，但增肌效果不一定优于前者。

小结

◇在减脂时，若身体正处于能量的负平衡状态，则此时摄取足量的蛋白质非常重要，这有助于减少瘦体重的流失。在此期间，如果想最大程度地保存肌肉，即减脂而不减肌肉，则需要每日摄取 1.8 ~ 2.2 g/kg 蛋白质，并坚持进行抗阻训练。已有不少研究结果证明，只要能保证摄取足够的能量和蛋白质，并进行专业的抗阻训练，在减脂的同时也能保持瘦体重，虽然这是较难做到的。

◇体重超标或体脂率偏高的人只要能在饮食中摄取足量的蛋白质和其他营养素，并进行规律的运动，身体即使处于能量的负平衡状态，也可以少量增肌。

◇以上的数据来源于目前国内外公认的蛋白质推荐摄取量和我个人在常年的实践中摸索出的经验。如果你原本就偏爱肉类和奶制品，通常很容易就能摄取推荐量的蛋白质；如果你原本胃口较差，不喜欢高蛋白质的食物，则可以先尝试摄取最低推荐量的蛋白质。记住，无论在什么情况下都要循序渐进，给肠胃一个适应期，并注意观察身体在摄取蛋白质后的反应。本书所提供的只是一个普适的大方向，每人具体的蛋白质摄取量需根据个人情况来调整。请勿突然大幅度地增加或减少蛋白质的摄取量，而应逐步进行小幅度的微调，找到用餐后既有饱腹感，又不会因消化不良而放屁的良好状态。

关于摄取蛋白质，
减脂新手应该做的和不应该做的

应该做的

将蛋白质搭配碳水化合物和脂肪一起摄取。

将含蛋白质的食物搭配蔬菜等含膳食纤维的食物一起食用。

蛋白质的摄取应少量多次，尤其是肠胃功能较弱的人。

若身体因蛋白质摄取过量而产生不适，则应逐步降低蛋白质的摄取量。

摄取含优质蛋白质的食物，如鸡蛋、奶制品、瘦肉、鱼类、豆制品、芝麻和葵花子。

以蛋白质含量高的谷物为主食，如燕麦、荞麦、糙米、小米、黑麦、薏米、玉米和野生稻。

谷物中的蛋白质为不完全蛋白质，而人体对不完全蛋白质的吸收率低于完全蛋白质，因此将谷物搭配含完全蛋白质的食物一起食用效果会更好。

肉类焯水时应冷水下锅，以防止其表面的蛋白质遇热变性而凝固收缩，以致渗出更多血污和散发异味。

制作高汤时也应将肉类冷水下锅，这样可以促使风味物质在蛋白质凝固收缩前充分释放。

不应该做的

突然大幅度地改变饮食结构。

单次大量地摄取蛋白质。

摄取的蛋白质种类单一。

把蛋白粉作为长肌肉的必需品，甚至用蛋白粉代替主食。

加餐时只食用含蛋白质的食物。

由于奉行"素食主义"而忽略蛋白质的摄取。

过于或单一依赖摄取蛋白质来改善健身效果。

摄取大量蛋白质而不摄取碳水化合物和脂肪。

延伸阅读⑧

高蛋白肉类的
基本备餐法

这是我日常使用频率最高的高蛋白肉类的备餐法，特别适合时间紧迫的"上班族"和"学生党"用来制作健康的减脂餐、健身餐或增肌餐。此种备餐法的特点是：无须额外思考备餐内容；难度较低且方便快捷；所用的肉类种类丰富，可防止因偏食导致的营养缺失。需要注意的是，此种备餐法制作的不是酱肉或卤肉，而是原味肉。它的目的是准备基础食材，以提高将来烹饪时的速度和效率。

制作好的肉可密封冷冻储存 1 个月，使用时应提前 4 小时（或半天）左右以室温解冻，不过更推荐提前一夜将其放至冰箱的冷藏室解冻，尽量减少以室温解冻的

时间。若时间不充裕，也可用微波炉直接加热。

食材

肉类部分

鸡胸肉	2 kg
猪里脊肉	0.7 kg
牛瘦肉	1 kg

调味料部分

料酒	150 ~ 170 g
老抽（或酱油）	50 ~ 60 g
清水	150 g
香葱	2 根
姜	25 g

| 黑胡椒粉 | $1/2$ 茶匙 |
| 细海盐 | 1 茶匙 |

做法

1. 备菜：除去所有肉类表面的大块脂肪，并将它们切为略小于拳头的大块；香葱从中间剖开后切段；姜切片。

* 牛肉块比鸡肉块和猪肉块难熟，因此需切得相对更小，且切割方向应逆于肌肉纹理。

2. 先在电高压锅里加入料酒、老抽、黑胡椒粉、细海盐和清水，再在锅底垫上香葱段和姜片防止粘锅，最后依次放入牛肉块、猪肉块和鸡肉块。

* 可自行决定肉类是否提前焯水。

3. 炖肉：先将肉炖 30 分钟，自然排气后再焖 1 ～ 6 小时。

* 焖肉的时间可长可短，目的是让肉变软且入味。

4. 分装：熟肉先放凉至室温，再以160 ～ 200 g 为一组，装入密封袋冷冻保存。

* 用料表中的肉量可装 8 ～ 10 包。

小贴士

1. 对于鸡胸肉，选择鸡大胸或鸡小胸皆可。

2. 炖原味鸡胸肉的做法：在电高压锅中加入料酒、黑胡椒粉、细海盐、香葱段、姜片和鸡胸肉，未切的整块鸡胸肉炖 25 分钟左右，切为条状的鸡胸肉炖 15 ～ 20 分钟，也可根据个人喜好灵活增减时间。

3. 对于牛瘦肉，推荐购买牛仔盖肉或牛里脊肉。牛腩和牛胸肉的脂肪含量偏高，不推荐体重超标的人食用；牛腱子较难熟，需多炖 15 分钟左右，但这会导致同锅的鸡肉炖得过于软烂。

4. 调味料中液体配料的用量仅作参考。电高压锅至少需加入 1 杯量的液体配料才能防止糊锅，且若食材不同，液体配料的用量只可多而不可少。不过，肉类在炖制时会渗出水分，因此总共加入 1.5 ～ 2 杯量的液体配料即可。

5. 推荐只用老抽给肉略微上色和增味，而不用生抽。生抽比老抽更咸，但备餐肉无须太咸，因为将来用其烹饪时还会再进行调味。若用生抽，则需减少用量以防止肉过咸。

6. 若汤汁有苦味，则说明调味料过多，下次应适量减少。

7. 若锅中液体过少，可能导致轻微糊底。

8. 除非肉质不新鲜，否则只要调味料足够，就可以使肉去腥。

9. 炖熟后的肉的表面会有一些血沫，这并不影响食用。若介意血沫，请提前将肉焯水。

墨西哥鸡肉饭

份数：2 份 | 准备时间：30 分钟 | 制作时间：5 分钟

每份

能量 （kcal）	膳食纤维 （g）	蛋白质 （g）	脂肪 （g）	净碳水化合物 （g）
352	4.5	30	10.4	37.3

　　这道鸡肉饭食材丰富，营养全面，"米饭＋豆类＋肉类"的搭配不仅提高了它的生物价，还增加了它的营养价值。将豆类搭配谷物制作成常见的红豆饭、绿豆饭或豆粥等主食，能提高主食的蛋白质利用率，因为豆类的赖氨酸含量高，蛋氨酸含量低，而谷物恰好相反，所以二者可以互补。在味道方面，略带烧烤味的煎鸡肉搭配各种鲜甜口味的蔬菜，再加上口感软滑的牛油果，使这道健康餐的味道层次丰富，味美可口。

鸡肉部分		辣椒粉（选用）	适量	拌饭酱料	
鸡胸肉（或鸡腿肉）	170 g	配菜部分		青柠汁（或白醋）	1 汤匙
海盐	$1/2$ 茶匙	圣女果	2 个	原味酸奶	30 g
黑胡椒粉	$1/8$ 茶匙	香菜	10 g	奶酪丝	15 g
白胡椒粉	$1/8$ 茶匙	白洋葱	$1/4$ 个	辣酱	适量
孜然粉	$1/4$ 茶匙	香葱	1 根	其他部分	
姜黄粉（或鲜姜）	$1/16$ 茶匙	牛油果	$1/2$ 个	米饭	100 g
料酒	1 茶匙	甜玉米粒	30 g	熟黑豆（或熟红豆）	50 g
橄榄油	$1/2$ 茶匙	生菜叶	2 片（大）		

1. **腌鸡肉**：用刀沿着与鸡胸肉的纹理呈 45 度的方向，将其切为长 5 ~ 6 cm、厚 1 cm 的长条；在碗里将鸡肉部分的所有食材拌匀，腌制 30 分钟以上。

2. **煎鸡肉**：以薄油覆盖铸铁锅底，将锅热透，当锅中的油微微冒烟时，放入鸡胸肉条煎 2 ~ 3 分钟，直至其底部变为焦黄色后翻面，继续煎至两面焦黄即可。

★ 好吃的关键一：推荐使用铸铁锅，因为其受热均匀，在高温快速煎制时能锁住肉中更多的汁水，使肉质更嫩。在煎制时，如果鸡胸肉条的表面有汁水冒出，则说明锅的温度不够高或保温能力差，从而无法锁住其中的汁水，以致煎出的鸡胸肉条难以嚼烂。

★ 好吃的关键二：鸡胸肉条应煎好一面后再翻面，切忌反复翻面。

★ 煎制时间不要过长，否则煎出的鸡胸肉条会又干又柴。

3. **备菜**：小番茄切小块；香菜切碎；白洋葱切小丁；香葱切葱花；牛油果切丁或压泥；生菜叶切细丝。

4. **组合**：在碗里铺好米饭和熟黑豆，先放入煎好的鸡胸肉条和配菜部分的所有食材，再淋上青柠汁和原味酸奶，最后加入奶酪丝和辣酱拌匀，尝味后依口味喜好酌情加入适量海盐、黑胡椒粉和橄榄油（原料用量外）调味。

小贴士

1. 酸味的辣酱更适合搭配这道鸡肉饭。
2. 选择冷冻的或罐装的甜玉米粒皆可，冷冻的甜玉米粒需提前用微波炉加热。
3. 对于米饭，可选择大米饭或糙米饭。

需要摄取更多的能量时：可增加主食量。
需要摄取更少的能量时：可用红薯代替部分主食。

安东鸡

份数：4 份 | 准备时间：45 分钟 | 制作时间：20 分钟

能量 （kcal）	膳食纤维 （g）	蛋白质 （g）	脂肪 （g）	净碳水化合物 （g）
285	4	36	4	25

　　这道非常可口的安东鸡收到最多的评价就是"好吃得不像健康餐"。它打破了人们认为健康餐都不好吃的刻板观念。

　　它的味道非常丰富，出锅后撒上香葱段和香油，香味四溢，令人忍不住想立刻用餐。以鸡胸肉为原料烹饪这道安东鸡比较简单，若使用鸡腿肉，也不必过于担心鸡腿肉的脂肪含量高于鸡胸肉，因为控制好总能量的摄取量才是关键。此外，鸡腿肉的铁含量略高于鸡胸肉，更适合体质较弱的女性食用。

鸡胸肉（或鸡腿肉）	2 整块	鱼露	$1/4$ 茶匙	口蘑（或香菇）	6 颗
细海盐	$1/4$ 茶匙	韩式辣酱	1 汤匙	干丝	100 g
黑胡椒粉	$1/2$ 茶匙	蜂蜜	1 汤匙	清水	260 g
紫洋葱	1 个（小）	鲜姜末	少许	香葱	适量
蒜	3 瓣（大）	香油	2 茶匙	烤白芝麻	适量
酱油	2 汤匙	胡萝卜	2 根		
料酒（或味霖）	2 汤匙	土豆	1 个		

1. **备菜**：提前 30 分钟用适量清水浸泡干丝；紫洋葱切小块；蒜切片；胡萝卜、土豆和口蘑切块；香葱切段；在小碗里将酱油、料酒、鱼露、韩式辣酱、蜂蜜、鲜姜末和香油拌匀，备用；鸡胸肉切块，在大碗里将其与细海盐、黑胡椒粉拌匀，覆盖保鲜膜，室温腌制 15 分钟。

2. 不粘锅热后，以薄油覆盖锅底，放入紫洋葱块，以中小火煎 3 ~ 4 分钟，直至其底部变色后翻面；放入蒜片，并不时进行搅拌，直至紫洋葱块变软、变透明且呈焦色。

★ 将紫洋葱块煎至呈焦色既能提高其风味，又能降低食用后导致胃肠胀气的概率。

素食者：可用豆腐代替鸡胸肉。
需要摄取更多的能量时：可多加入适量土豆或山药等根茎类食材。
不建议摄取更少的能量。

3. **煎鸡肉**：把紫洋葱块拨至锅中的一侧，放入鸡胸肉块，直至其底部变色后翻面，继续煎至其全部变色；倒入步骤1中调好的酱汁，再加胡萝卜块、土豆块、口蘑块和260 g清水，翻炒均匀；水煮开后盖上锅盖，以小火焖10分钟，让鸡胸肉块入味。

4. 到时后翻拌锅中食材，放入干丝煮开，再以小火焖5 ~ 10分钟，直至所有食材变软。

5. 出锅后撒上香葱段、烤白芝麻和香油（原料用量外）。
★ 千万不要省略香葱段和香油，因为二者混在一起的香味是本菜品的"点睛之笔"。

小贴士

1. 胡萝卜和土豆不易熟，须切得相对更小才能与其他食材一起焖熟。
2. 干丝易熟，在即将出锅时加入即可。

黑椒汁蒸鸡

份数：1 份 | 准备时间：15 ~ 30 分钟 | 制作时间：20 分钟

每份				
能量 （kcal）	膳食纤维 （g）	蛋白质 （g）	脂肪 （g）	净碳水化合物 （g）
120	0	22.5	2.5	0

腌鸡肉部分		酱汁部分		香葱	1 根
鸡胸肉	1 整块	酱油	2 汤匙	蒜	1 瓣（大）
料酒	2 汤匙	黑胡椒粉	$^1/_8$ ~ $^1/_4$ 茶匙	淀粉	$^1/_2$ 汤匙
香葱	1 根	香油	$^1/_2$ 茶匙	清水	15 g
姜	5 g	糖	$^1/_2$ ~ 1 汤匙	红辣椒（选用）	1 根（小）

1. **备菜**：鸡胸肉从侧面横切为两大片；腌鸡肉部分的香葱切丝；姜切片；在盘子里将腌鸡肉部分的所有食材拌匀，并覆盖保鲜膜，室温腌制 15 ~ 30 分钟。

2. **蒸鸡肉**：在蒸锅内加入适量清水，将盛放鸡胸肉片的盘子放入锅中；以大火将清水煮开后，继续蒸 13 ~ 15 分钟，再关火闷 3 分钟，直至鸡胸肉片可被竹签轻松扎透最厚的部位。
★ 可根据鸡胸肉片的大小和厚度灵活增减蒸制时间。

3. **做酱汁**：蒸鸡胸肉片时，在小碗里将酱油、黑胡椒粉、香油和糖拌匀，备用；酱汁部分的香葱切葱花；蒜切片；若选用红辣椒，则将其切碎。不粘锅热后，以薄油覆盖锅底，放入葱花和蒜片，也可放入一半的辣椒碎，煎香后倒入刚调好的酱油汁，转小火；在小碗里将淀粉和 15 g 清水拌匀，把水淀粉倒入锅中，转中大火煮开，直至酱汁变为稀糖浆状。

4. **组合**：鸡胸肉片略放凉后切条，再淋上酱汁，也可撒上另一半的辣椒碎。

减脂课堂

减脂者必须购买去皮鸡肉吗？

对于这个问题，要具体问题具体分析。家禽肉类的不饱和脂肪酸含量比红肉高，饱和脂肪酸含量比红肉低，皮下脂肪含量约占 90%。由于自然界中的脂肪没有绝对的好坏之分，因此应根据个人的身体情况、口味特点、饮食目的和全天膳食脂肪的总摄取量决定是否购买去皮鸡肉。

如果你的体重超标，则推荐购买去皮鸡肉；如果你的体重不超标，则购买去皮鸡肉或有皮鸡肉皆可。去皮鸡肉的优点是脂肪含量相对较低，适合口味清淡的人食用，缺点是口感又干又柴，味道寡淡；有皮鸡肉的优点是肉质湿润，口感更嫩，缺点是油腥味较重。

我个人的看法是，我们能长期食用的一般都是味道和口感适合自己的食物，不必对饮食中能量的摄取过于苛刻。况且，减脂者本身就容易存在脂肪摄取量偏少的问题，因此若使用健康的烹饪方法，可根据个人喜好决定是否购买去皮鸡肉。本书推荐购买有皮鸡肉，因为有皮鸡肉经烹饪后的口感更好，而且用餐时若不想食用鸡皮，不食用即可。

减脂者只能"水煮一切"吗？

以水煮鸡胸肉和水煮蔬菜为代表的水煮食物的烹饪难度低，用油量便于控制，因此受众较广。然而，问题是它们的作用被当下网络社交中盛行的减脂风潮过于夸大，水煮食物仿佛成为了目前仅存的减脂食物，并且还绝对不能在烹饪时加入食用油。

但事实上，仅食用水煮食物既做不到均衡饮食，也无法享受食物的美味，还特别容易使人在饮食上"钻牛角尖"，从而增加进食时的心理压力，即认为但凡食用含有糖和食用油的食物都是触犯禁忌。我们可以认为，与高油饮食相反，完全无油的饮食是另一个极端，这同样不是健康饮食。

因此，学习烹饪时如何适量用油，如何科学搭配不同的食用油才是重点。例如，鸡胸肉的脂肪含量很低，可搭配适量食用油进行煎制，以均衡摄取营养素；再如，在烹饪鸡胸肉时也可加入一点儿黄油，从而为鸡胸肉增添风味，并提高用餐后的满足感。用餐后的满足感也是饱腹感的一部分，过于寡淡的饭菜会使人想继续用餐，从而额外食用零食来满足食欲。

总之，应以平常心看待水煮食物，仅将"水煮"当作一种烹饪方式即可。"水煮"能用来调剂口味，但并非减脂的唯一方法，我们要避免把清淡饮食变得过于"寡淡"。

青椒苹果鸡肉丸

份数：2 份 | 准备时间：10 分钟 | 制作时间：30 分钟

每份				
能量（kcal）	膳食纤维（g）	蛋白质（g）	脂肪（g）	净碳水化合物（g）
220	4	28	6	13.5

　　人在进行高强度运动后，易出现食欲不佳、消化功能减弱和胃肠胀气等症状，而这道青椒苹果鸡肉丸将水果和肉类搭配在一起，不仅富含优质蛋白质，还易于消化，非常适合在运动后食用。

　　其实，在日常中非常建议将水果和肉类搭配食用。水果中一般含有 0.2% ～ 3.0% 的有机酸，而有机酸具有开胃和促进消化的作用，还能将人体对矿物质的吸收率提高 3 ～ 10 倍。所以，将少量水果搭配正餐一起食用，能发挥水果中有机酸的作用，提高人体对镁、铁和钙等矿物质的吸收率。在这道鸡肉丸中，燕麦的蛋白质质量高于大多数植物性食物，而且氨基酸含量较高，其蛋白质的营养价值几乎可媲美鸡蛋；青椒富含维生素 C，适合运动人群食用，能起到抗氧化的作用；再搭配上特制的酱汁和青柠汁，味道香浓而不油腻，可使食物的味道层次更加丰富。

丸子部分

鸡肉馅（鸡胸肉或鸡腿肉）	200 g	黑胡椒粉	$^1/_8$ 茶匙
青椒	$^1/_4$ 个	白胡椒粉	$^1/_8$ 茶匙
苹果	$^1/_2$ 个（小）	蒜	1 瓣（小）
白口蘑	2 个	香菜	4 ～ 5 根
鸡蛋	1 枚	番茄酱	8 g
即冲燕麦片	18 g	营养酵母粉（选用）	$^1/_2$ 茶匙
海盐	$^1/_2$ 茶匙		

酱汁部分

酱油	2 茶匙
蒜	1 瓣（小）
姜	少许
红糖	5 g
清水	60 g
淀粉	$^1/_2$ 茶匙

其他部分

青柠檬（选用）	$^1/_4$ 个

1. **拌肉馅**：先将丸子部分的青椒、去皮的苹果、白口蘑、蒜和香菜切小粒后剁碎，鸡蛋打成蛋液，再在搅拌盆里混合丸子部分的所有食材，并沿顺时针的方向快速搅拌，直至肉馅粘连在一起。

★ 好吃的关键一：处理后的食材应大小均匀且细碎，这样调制出来的肉馅才能黏糯成团。

★ 好吃的关键二：搅拌得越充分，肉馅越黏稠，做成的丸子越好吃。

鸡蛋过敏者：可用 1 汤匙亚麻籽和 3 汤匙温水代替鸡蛋（需提前 10 分钟浸泡亚麻籽，以使其充分吸水）。

需要摄取更多的能量时：可搭配 1 ～ 2 份主食和 $^1/_2$ 个牛油果食用。不建议摄取更少的能量。

1. 应选择呈碎片状的且用热水泡 1 分钟后即可食用的即冲燕麦片，因为整片的燕麦无法起到粘合肉馅的作用。
2. 营养酵母粉富含多种 B 族维生素，且能量极低，味道咸鲜，可作为素食奶酪的味道来源。注意，营养酵母粉不是啤酒酵母粉，也不是制作面包的干酵母粉。
3. 若偏爱微辣口味，可用尖椒代替青椒。
4. 香菜是这款鸡肉丸的"点睛之笔"，尽量不要省略。

2. 做丸子：烤箱预热至 220 ℃，烤盘抹油或铺上油纸；取 1 汤匙量的肉馅搓成丸子放入烤盘，重复此动作至处理完所有肉馅。

3. 烤丸子：将烤盘放入烤箱，烤制 25 ~ 30 分钟，直至丸子表面呈金黄色，将丸子盛出，备用。

＊煎锅法：不粘锅热后，以薄油覆盖锅底，把丸子放入锅里，盖上锅盖，以中火煎至丸子底部变色，翻面继续煎，直至丸子表面呈金黄色。

4. 煮酱汁：烤丸子时，先将酱汁部分的蒜切碎，再在小奶锅里加入酱汁部分的所有食材，将其以中大火煮至微微冒泡，期间需不时进行搅拌，以免煳底；将火力降至能让酱汁继续微微冒泡的程度，再煮 2 ~ 3 分钟，直至酱汁变浓稠且颜色变深，关火后盛出，放凉。

5. 调味：在丸子表面淋上酱汁，也可淋上青柠檬榨出的青柠檬汁，拌匀即可。

减脂课堂

减脂者有必要购买喷雾油或喷雾油瓶吗？

喷雾油瓶上通常标有"健身厨房""低脂餐"和"减脂控油"等字样，因此消费者会自动把此产品与减脂联系起来，喷雾油的价格也因此"水涨船高"。其实，我也购买过这种喷雾油，觉得用它来烹饪会有助于减脂，但后来用了几次也就束之高阁了。

究其原因，这类问题的根源都是"健康光环效应"，即很多食物一旦与"减脂"这一卖点相联系，并被包装起来走健身路线，再印上诸如"低脂""零脂"和"纤瘦苗条"等字样，就仿佛自带"健康光环"。然而细究起来，这都不过是市场的营销策略而已。

实际上，人在减脂时需要食用一定量的食用油以维持身体生理功能的正常运行，因此在炒制和煎制食物时，只需稍微注意用油量，以薄油覆盖锅底即可。普通人不必过于控制用油量，更没有必要购买喷雾油。当然，你如果觉得喷雾油使用方便，也可以购买，只是不要过分寄予其能减脂的厚望。

此外，减脂时控制脂肪的摄取量的关键不在于烹饪时所加入的那几克食用油，而是市售的零食和饮料中所含的大量"隐形脂肪"。

香糯鸡蛋卷饼

份数：1份 | 准备时间：3分钟 | 制作时间：5分钟

能量 （kcal）	膳食纤维 （g）	蛋白质 （g）	脂肪 （g）	净碳水化合物 （g）
465	2	31.2	13.3	55.1

这款卷饼所用的食材易得，做法简单，而且含有极其丰富的营养。小麦、稻米、豆类、鸡蛋、酸奶和鸡肉中不同种类的蛋白质互相搭配，不仅能起到氨基酸互补的作用，还能提高食物的营养价值和营养吸收率。食用这款卷饼后，可令人产生很强的饱腹感，而且不易再感到饥饿。其中，豆类的用量适中，既可为人体提供足量的膳食纤维，又不会引发胃肠胀气，可作为日常每餐的豆类食用量的参考；用酸奶代替蛋黄酱不仅能提高蛋白质、维生素和矿物质的含量，还能促进消化，使肠胃不因食用豆类而出现不适；馅料部分的成品除了能用来做卷饼外，还能用来做拌饭和三明治，因此可多制作一些，并冷藏储存。

馅料部分

熟红豆（或熟芸豆）	35 g	
熟鸡胸肉	60 g	
大米饭	35 g	
原味酸奶	40 g	

蒜	1 瓣（大）	
黑胡椒粉	略少于 $1/_8$ 茶匙	
海盐	$1/_4$ 茶匙	
白醋	1 茶匙	

其他部分

水煮蛋	1 枚	
全麦薄饼（参见第31~32页）	1张	
黄瓜	$1/_2$ 根	
胡萝卜	$1/_2$ 根	

1. **做馅料**：先将蒜捣成蒜泥，熟鸡胸肉切碎，再在碗里将馅料部分的所有食材拌匀，尝味后依口味喜好酌情加入适量海盐（原料用量外）调味。

2. **组合**：水煮蛋切片；黄瓜和胡萝卜切丝；在全麦薄饼的表面铺上做好的馅料，再加入鸡蛋片、黄瓜丝和胡萝卜丝，卷起即可。

小贴士

1. 建议使用含盐的罐装熟红豆，若使用的罐装熟红豆不含盐，需适当多加入海盐以调味。

素食者：可用熟豆腐丝代替熟鸡胸肉馅。

需要摄取更多的能量时：可适当增加主食量。

需要摄取更少的能量时：可适当减少大米饭的用量。

减脂课堂

如何掌握减脂时清淡饮食的"度"？

很多人会把清淡饮食简单地理解为无油、水煮且只放少许盐以调味的饮食。在减脂时，他们最初会戒掉所有市售的调味品，进而拒食全部含有能量的调味品，以致最后只食用很少的盐或甚至干脆完全拒食盐，把健美选手在备赛期间的非常规饮食当作了自己的日常饮食。那么，寡淡、清淡和重口的界限到底在哪里呢？

虽然有官方的盐的每日推荐食用量作为参考，即世界卫生组织建议一般人每日食用6～8g盐，《中国居民膳食指南》提倡每人每日的盐的食用量应少于6g，但是每天按照规定来控制盐的食用量并不现实，而且实际情况要复杂得多，例如个人体质、运动量、饮水量和季节等因素都会对盐的食用量产生影响。所以，我将在此为你提供一些可根据自己的身体反应来灵活调整饮食的方法。

首先，你可以调整盐的食用量。如果食物的咸度合适，那么你在用餐时不会尝出特别明显的纯咸味，而会尝出咸香味；在用餐后，舌头两侧不会有被刺激的感觉；在用餐时和用餐后都不会因觉得食物过咸而想饮水，并且身体不会出现水肿。如果在用餐后出现舌头、两腮和嗓子又干又涩且特别渴望饮水或身体略有水肿的情况，这可能是表示你所食用的食物过咸的身体信号；反之，如果在用餐后总有不满足的感觉，运动也缺乏力气，你就需要回想最近的饮食是否过于清淡。注意，盐的食用量可能只是造成以上情况的原因之一，不可以偏概全。

其次，你可将口味清淡和调味略重的饭菜交替食用，不刻意压制其一，并观察身体的反应，从而找到二者的平衡状态。你如果以减脂为目标，在家庭烹饪时正常调味即可，因为此处的口味清淡是相对于调味略重的市售的加工食品和饭馆的菜肴而言的。如果在减脂时完全拒食盐，会造成身体缺钠，导致生理功能出现障碍。此外，偏爱辣味的人在减脂时也不必完全戒辣，选择食品添加剂少的辣酱或辣椒粉即可；不喜辣味的人同样无须因听说食辣有助于减脂就刻意食辣，这样反而易伤害肠胃。注意，养成好习惯的秘诀就是首先要尊重个人的旧习惯，不要全盘否定过去，然后在旧习惯的基础上进行微调，让小的改变逐渐融入旧习惯中，最终使其变成一个新习惯，这样就不会总是半途而废。

你可以把"清淡"理解为简单和干净，例如市售的烤肉味薯片、辣条和方便面等食品的食品添加剂含量较多，含有明显的人工香精的味道，它们就属于过度调味食品；而本书食谱中的安东鸡（第124～125页）就不算过度调整，因为它用料讲究，不含食品添加剂，只是将各种食材原本的味道互相混合，从而不再让健康餐寡淡无味。

如果你很少外食或食用市售的加工食品，基本是自己做饭，却出现用餐后胃里有物理性的撑胀感但不觉得饱的情况，不妨反思自己最近的饮食是否过于清淡。这时，你可以刻意比平时吃得咸一点儿，如在烹饪时多放些海盐、酱油或味噌，也可以食用几块腐乳，来观察是否对增强饱腹感有帮助，具体的食用量要根据自己身体的反应来调整。注意，这里所研究的口味过于清淡对食欲的影响的问题，是对长时间的范围而言的，如3～6个月。平时外食较多且习惯大吃大喝的人在偶尔清淡饮食后应该不会有类似的体会，反而会觉得比较舒服。

蛋包肉

份数：2 份 │ 准备时间：2 分钟 │ 制作时间：5 分钟

每份				
能量 （kcal）	膳食纤维 （g）	蛋白质 （g）	脂肪 （g）	净碳水化合物 （g）
344	0	23.7	28.2	1

注：不同品种的热狗面包条所含的能量与营养素差异较大，因此热狗面包条所含的能量与营养素未计入其中。

鸡蛋的营养极其丰富，富含优质蛋白质，不仅生物价高达 94，蛋白质含量和蛋白质利用率也在所有食物中皆为最高，最易被人体消化与吸收，而且价格实惠，是健身人群补充蛋白质的重要食物来源。猪肉同样是营养价值很高的食物，与鸡蛋搭配食用可丰富营养素的来源。若同一餐中既有蛋又有肉，适量食用即可产生较强的饱腹感。因此，吃得饱、营养足，自然就不会总感到饥饿或贪恋垃圾食品。

猪瘦肉馅	250 g	白胡椒粉	略多于 $1/4$ 茶匙	黑胡椒粉	$1/16$ 茶匙
香葱	1 根	海盐	$1/4$ 茶匙	**其他部分**	
蒜	3 瓣（小）	**蛋液部分**		热狗面包条	4 个
料酒	3 汤匙	鸡蛋	2 枚		
黑胡椒粉	$1/8$ 茶匙	海盐	$1/16$ 茶匙		

1. **备菜**：香葱切葱花后剁碎；蒜切片后剁碎；鸡蛋打成蛋液；在大碗里将蛋液部分的所有食材拌匀，备用；每个热狗面包条分别横切为两片，备用。

★ 大碗的容量应能装下炒熟后的所有肉馅。

2. **炒肉馅**：以高火加热不粘锅，放入猪瘦肉馅，用铲子将其铲散，但不要翻面，煎制 1 分钟左右；放入葱碎和蒜碎，翻炒均匀；猪瘦肉馅煎至变色后，倒入料酒，再翻炒均匀。

3. 在锅中加入黑胡椒粉、白胡椒粉和海盐，翻炒均匀，直至猪瘦肉馅呈焦黄色且渗出的水分收干；转小火，将炒好的肉馅倒入调好的蛋液里拌匀。

★ 好吃的关键：猪瘦肉馅上色到位。

素食者：可用压去水分的北豆腐碎代替猪瘦肉馅。
需要摄取更多的能量时：可在蛋液中加入适量奶酪丝。
不建议摄取更少的能量。

小贴士

1. 可用餐包、火烧、馒头片或发面饼代替热狗面包条。推荐选择口感较硬的粗粮热狗面包条，因为特别绵软的白面包条在吸收蛋液后容易变软烂。

2. 可以购买已绞好的猪瘦肉馅，也可以将猪里脊肉现绞成馅。

3. 可用牛瘦肉馅代替猪瘦肉馅，也可将二者混合使用。

4. 一定要将香葱切细后再剁碎，因为这样才能释放葱香，蒜碎同理。

4. **组合**：把 $\frac{1}{4}$ 的蛋液肉馅倒回锅中，摊成长条状，然后把两片切面向下的热狗面包条并列盖在肉馅上轻轻按一按，煎 15 ~ 20 秒至蛋液凝固，使二者粘在一起；将两片热狗面包条翻面，煎另一面 20 秒左右至其呈金黄色；重复以上动作至做好所有热狗面包条。

5. **食用**：把所有煎好的热狗面包条盛至盘中，分别将并列的两片热狗面包条向内合起夹住肉馅，趁热食用。

减脂课堂

减脂者不能食用红肉吗？

人们对红肉产生刻板印象的原因主要有以下三点。

一是对红肉全盘否定。部分媒体对红肉的营养价值和功效进行了夸张或片面的宣传，以致人们把所有健康问题的出现都归因于食用红肉。

二是将红肉标签化。在用红肉烹饪出的传统菜肴中，一般都是选用红肉较肥的部位，且烹饪过程中会添加很多糖和食用油，或提前把红肉进行煎制或炸制。同时，由于这类菜肴又是深受大众欢迎的主流菜，自然会给红肉带上"脂肪多"的标签。

三是看待问题的角度单一。食用红肉并不是导致发胖的唯一原因，而是过量食用红肉较肥腻的部位，用过多的糖和食用油烹饪红肉，过量摄取精制碳水化合物，再加上不健康的生活方式，如久坐、缺乏运动或食用肥肉的同时大量饮酒等共同导致了发胖。其实，若适量食用红肉较瘦的部位，并改善烹饪方法，反而有利于减脂。

没错，在减脂期间食用红肉不一定会影响减脂效果，正确食用红肉反而会促进减脂。很多人将有燃脂作用的左旋肉碱当作减脂药食用，而在膳食中，左旋肉碱主要就存在于红肉中，因此平时运动量较小的人可以食用此类高品质的天然食物来促进减脂。如果不是因为家庭习惯或个人喜好等，而单纯因为减脂而不食用肉类，是没有必要的。

在所有肉类中，大众对猪肉的误解相对较多，在几年前猪肉的风评降至低谷时，我甚至一点儿猪肉都不敢食用。

实际上，猪瘦肉（如猪里脊肉）的能量、蛋白质和脂肪含量与牛肉和鸡肉相差无几，是蛋白质的优质食物来源。猪肉的肌酸含量高于其他肉类，且维生素 B_1 含量是牛肉的 4 倍，是鸡肉的 5 倍，所以食用猪肉有助于消除运动后的疲劳，调节新陈代谢，维持皮肤和肌肉的健康，滋养神经，并预防贫血。因此，很多因运动量过大或长期节食导致营养不良的女性可适当增加猪肉的食用量。

大众对猪肉产生偏见的原因有以下两点，一是当下健身和减脂的饮食法基本都是西方的"舶来品"。在美国，牛肉和鸡肉占肉类市场的绝大部分，食用猪肉的机会大多限于早餐中的培根和香肠，这也是外国的健身餐中猪肉很少的原因之一。二是国内经常选用脂肪含量很高的猪肉部位进行烹饪，如排骨和五花肉等，而且多是制作诸如红烧肉和东坡肘子此类添加许多糖和食用油的"硬菜"，所以给人们留下了"猪肉 = 高能量 = 重口味"的印象。

总之，减脂饮食的重点不是对猪肉完全忌口，而是要食用合适的猪肉部位、选择正确的烹饪方式和控制食用量。

鸡肝牛肉丸

份数：2 份 | 准备时间：10 分钟 | 制作时间：25 ~ 30 分钟

能量 （kcal）	膳食纤维 （g）	蛋白质 （g）	脂肪 （g）	净碳水化合物 （g）
249	1.5	31	9	11

　　鸡肝和牛肉都富含铁且营养吸收率高，再搭配营养全面又富含优质蛋白质和脂肪的鸡蛋，尤其适合女性在月经前后食用。减脂者不必拒绝食用动物内脏，因为鸡肝的铁、铜和硒的含量都比鸡肉要高，尤其以铁的含量为最，所以因节食而导致贫血的人可适量增加动物肝脏的食用量。此外，乳酸发酵的酸黄瓜、苹果和红甜椒都能帮助身体更好地吸收和利用铁元素，并且改善牛瘦肉的口感。

材料 A 部分		材料 B 部分		番茄酱	15 g
黄洋葱	$^1/_4$ 个	熟鸡肝	50 g	海盐	$^1/_2$ 茶匙
红甜椒	$^1/_2$ 个	牛瘦肉馅	200 g	黑胡椒粉	$^1/_2$ 茶匙
蒜	1 瓣（大）	酸黄瓜（或酸菜）	20 g	白胡椒粉	$^1/_4$ 茶匙
料酒	1 汤匙	苹果	60 g	姜黄粉（或鲜姜）	$^1/_8$ 茶匙
酱油	1 汤匙	鸡蛋	1 枚（大）		

1. **炒配菜**：黄洋葱和红甜椒切为 0.5 cm 的细丝；蒜切薄片；不粘锅热后，以薄油覆盖锅底，放入黄洋葱丝、红甜椒丝和蒜片炒香。

2. 在锅中倒入料酒和酱油翻炒均匀，转中火煎至黄洋葱丝变透明、焦黄，其间不时倒入少量清水防止粘锅；继续煎至黄洋葱丝和红甜椒丝变软烂，盛出放凉后剁烂，备用。

★此步骤可让黄洋葱丝和红甜椒丝更香甜，但由于二者会渗出糖分，易导致煳锅，所以要以中小火慢煎。

3. **拌肉馅**：熟鸡肝压成泥；酸黄瓜和去皮后的苹果切为最

> **鸡蛋过敏者**：可用 1 汤匙亚麻籽和 3 汤匙温水代替鸡蛋（需提前10 分钟浸泡亚麻籽，以使其充分吸水）。
> **需要摄取更多的能量时**：可搭配1 份主食和 $^1/_2$ 个牛油果。
> **需要摄取更少的能量时**：可搭配$^1/_2$ 份主食和 1 份蔬菜沙拉。

1. 推荐购买原味或五香味的熟鸡肝，因为麻辣等重口味的熟鸡肝的味道容易"喧宾夺主"。柔软的熟鸡肝在压成泥时更为省力。可用熟鸭肝或熟鹅肝直接代替熟鸡肝，若使用较硬的熟猪肝或熟牛肝，则可用食物料理机将其打成泥。

2. 对于酸黄瓜，可以购买，也可以自己制作。若自制酸黄瓜，完成后应先尝味，如果过咸，则应适当减少用盐量。可用东北酸菜或德国酸菜代替酸黄瓜。

小的丁；鸡蛋打成蛋液；在搅拌盆里混合材料 B 部分的所有食材与剁烂后的红甜椒和黄洋葱，并沿顺时针的方向快速搅拌，直至肉馅粘连在一起。

★ 好吃的关键一：处理后的食材应大小均匀且细碎，这样调制出来的肉馅才能黏糯成团。

★ 好吃的关键二：搅拌得越充分，肉馅越黏稠，做成的丸子越好吃。

4. 做丸子：烤架放于烤箱中层，烤箱以上下火预热至205 ℃，烤盘抹油或铺上油纸；取 1 汤匙量的肉馅搓成丸子放入烤盘，重复此动作至处理完所有肉馅。

5. 烤丸子：将烤盘放入烤箱，烤制 25 ~ 30 分钟，直至丸子表面呈金黄色，将丸子盛出，趁热食用即可。

★ 在烤制时，丸子会渗出白色汤汁状的蛋清，这不影响食用。

减脂课堂

食用动物肝脏不利于减脂吗？

禽类的肝脏具有低脂高蛋白的特点，是维生素和矿物质良好的食物来源。

不同部位的鸡肉的蛋白质含量略有不同，鸡胗的蛋白质含量占 18% ~ 20%，鸡胸肉的蛋白质含量约占 20%，鸡翅的蛋白质含量约占 17%，鸡心和鸡肝的蛋白质含量占 13% ~ 17%。注意，由于鸡的年龄、品种和肥瘦不同，即便是相同部位的鸡肉，其蛋白质和脂肪含量也会存在差异。

禽类的内脏富含多种维生素，其中肝脏的维生素含量最高，尤其是维生素 A 和维生素 B_2，二者的含量甚至高于禽肉。此外，禽类的内脏还富含维生素 D 和维生素 E。这些维生素能调节人体代谢，提高人体的抗氧化能力和运动能力，还有助于调节月经。因节食和运动量过大而导致月经出现问题的女性，平时可在饮食中适量增加动物肝脏的食用量。

禽类肝脏中的矿物质种类多且含量高，平均而言高于禽肉。例如，肝脏中的铁为血红素铁，含量为 10 ~ 30 mg/100 g，生物利用率高，即人体对它的消化率与吸收率高，是铁最佳的食物来源，也是补血的首选食物。此外，干枣的铁含量为 2.3 mg/100 g，相比之下，植物性铁的吸收率远低于动物性铁，因此依靠食用干枣补血可能仅会导致糖分摄取过量，补铁效果却不尽如人意。

总之，再次强调天然食物并没有绝对的食用禁忌，关键要看食用量是否合适和烹饪方式是否得当。

女性减脂时的注意事项

由于生理结构不同，女性和男性在减脂时产生的身体反应是不同的。相较而言，女性对饮食和运动的变化更为敏感。例如，雌激素在女性的一生中发挥着巨大的作用，青春期的生长发育、维持体内激素的稳定、月经和生育都离不开雌激素。而且，女性的腋下、臀部和大腿总是有难以减去的顽固脂肪，增脂容易减脂难，这也是雌激素在起作用。

雌激素会导致皮下脂肪的合成增多、分解减少，所以平均而言，女性的体脂率比男性高6% ~ 11%，这些脂肪是女性为受孕、生产和喂养孩子准备的能量。不过，雌激素的另一个作用是使内脏脂肪的合成减少、分解增多，所以平均而言，女性的内脏脂肪少于男性。皮下脂肪多仅会影响美观，而内脏脂肪多则容易引起各种代谢疾病。

35岁后，女性体内的雌激素有所减少，这就是女性的容貌、体质下降的原因；绝经后，女性体内的雌激素大量减少，女性的生理和心理都会发生很大的变化。

因节食和运动过量导致闭经的女性体内雌激素和孕激素的水平很低，更接近绝经后的女性。女性的雌激素水平偏低的症状有月经不调，皮肤松弛、干燥、无光、发黄和变皱，脸颊干瘪，头发无光，脱发，易疲劳，全身酸痛，骨质疏松和性冷淡等。

对女性而言，在减脂时需要注意以下事项。

◇具有一定的脂肪储备量是女性天生的特点，也是衡量女性健康水平的标准之一。女性的体脂率并非越低越好，健美运动员的体脂率并不适合普通女性。

◇臀部和大腿易堆积脂肪是雌激素决定的。不必过分追求骨感美，因为骨感美一定程度上代表体内激素不平衡。

◇雌激素对月经周期有重要影响。

◇有研究结果显示，雌激素会降低女性进餐后的脂肪燃烧率，更倾向于使人体储备脂肪。

◇女性的体脂率会影响生育功能，过低的体脂率会阻碍生育甚至导致不孕。

◇雌激素是女性美丽的源泉，细腻且水分充足的皮肤、浓密有光泽的秀发和凹凸有致的身材都离不开雌激素的正常分泌。长期过度节食会扰乱雌激素的分泌，虽然会使人变瘦，但不一定会使人变漂亮，反而可能使人看起来更加憔悴。

◇有运动习惯的女性应多食用雌激素含量高的食物。

◇雌激素水平并非越高越好。雌激素偏高也容易引起一些疾病，如乳腺增生和子宫肌瘤。

◇你如果有雌激素水平偏低或贫血的症状，不妨去医院进行激素检查和血液检查。体质较弱且时常感到乏力的女性应格外注意观察自己在食用红肉和动物肝脏后是否变得精力充沛，以及在食用红肉、动物肝脏、豆浆和花生后经期是否更加稳定。

膳食纤维摄取过多，小心变成"大胃王"！

膳食纤维可以吸附人体内的有害物质并使其排出体外，过量的膳食纤维却会影响人体对蛋白质和某些微量元素的吸收，易导致青少年、病人和节食人群营养不良。

▶减脂人群通常极其关注"碳水化合物、脂肪和蛋白质应该摄取多少",却很少关注"膳食纤维应该摄取多少"。膳食纤维的存在感较弱的原因有三,一是膳食纤维不属于三大产能营养素,不能为人体提供能量,易被减脂人群忽略;二是"多食用蔬菜即可补充膳食纤维"的观念深入人心,所以许多人认为只要每餐都食用蔬菜,就不必再关注膳食纤维的摄取;三是尚未意识到适量摄取膳食纤维的重要性,仅知道摄取膳食纤维有益于身体健康,却不知道过量摄取膳食纤维反而有损身体健康。凡事都具有两面性,膳食纤维对人体的作用也是如此。若过量摄取膳食纤维,其益处也可能变为坏处。例如,长期仅以少量粗粮为主食会导致人体血糖水平偏低,胰岛素分泌减少,用餐后难以产生满足感和幸福感;过度依赖食用大量含膳食纤维的食物以撑饱肚子会干扰真正的饱腹感的产生,使人即便肚子撑胀却仍想进食;被过量摄取的膳食纤维还会刺激肠道,易导致腹泻。

在膳食纤维的摄取方面,我也曾盲目相信"食用能量低、体积大的蔬菜能增强饱腹感"这句话,从而犯下了很大的错误。虽然同等重量的生蔬菜比熟蔬菜更难咀嚼和下咽,但我在2013—2015年的减脂期间,却经常用一大盆生菜叶果腹。最后,我确实变瘦了,却成为了"瘦胖子"。这不仅没有实现我的"体脂率较低但肌肉结实、明显"的减脂目标,还导致了更糟糕的后果——我的肠胃功能出现紊乱,白日里平坦、正常的小肚子在晚上会不受控制地鼓起来,而且一旦进食就会引发胃肠胀气和嗳气。

因此,我会在本章中对膳食纤维进行详细的介绍,并指出人们对膳食纤维的常见误区,帮助你避免再犯与我相同的错误。相较于三大产能营养素,膳食纤维的内容相对简单,你能学会选择正确的食材、控制膳食纤维的摄取量并使用恰当的烹饪方式即可。

深度
了解
膳食纤维

纤维一般指膳食纤维。关于膳食纤维的定义，目前仍未统一。人们常说的膳食纤维指非淀粉多糖，即一类碳水化合物；学术界则定义膳食纤维包括非淀粉多糖、木质素、抗性淀粉和抗性低聚糖。

按照学术界对膳食纤维的定义来说，非淀粉多糖包括纤维素、半纤维素、果胶和树胶等，在膳食纤维中的占比较大，且与淀粉在分子组成和连接方式上有所不同，不能被分解为单糖，因此大部分膳食纤维不能被小肠吸收，也不会产生能量。木质素是细胞壁中的一种成分，广泛存在于植物体中，虽然不属于碳水化合物，但可起到与膳食纤维类似的作用，因此被归为膳食纤维。抗性淀粉属于碳水化合物，不过无法在小肠中被消化与吸收，并且能起到与膳食纤维类似的作用，因此被归为膳食纤维。常见的含有抗性淀粉的食物有长时间放置的凉米饭和凉馒头、未烹饪至熟透的根茎类食物和整粒豆子。抗性低聚糖是无法被人体分解、吸收和利用的低聚糖，甜度只有蔗糖的 30%~60%，同样无法在小肠中被消化与吸收，因此被归为膳食纤维。

膳食纤维按照在特定酸碱值的溶液中的溶解性不同，可分为可溶性膳食纤维和不可溶性膳食纤维。可溶性膳食纤维的质地柔软，会影响小肠对葡萄糖和脂类的吸收；不可溶性膳食纤维的质地较硬，常见于全谷物和蔬菜中，可以在大肠中发酵，但会阻碍大肠功能的正常运行。这二者都可以延缓胃的排空速度，从而增强饱腹感，减少进食量。

膳食纤维的作用

有助于控制体重

　　膳食纤维能减慢食物从胃进入小肠的速度，而且能通过吸收水分来增大体积，从而增强饱腹感并延缓饥饿感的来临，因此可以间接减少人的进食量，使体重得到控制。

降低患心血管疾病的概率

　　可溶性膳食纤维能吸附胆汁酸，减慢脂类的乳化速度和消化速度，降低低密度脂蛋白胆固醇的含量。此外，膳食纤维还可以吸附一部分胆固醇并将其排出体外，从而减少人体对胆固醇的吸收，降低人患心血管疾病的概率。

促进胃肠道健康

　　膳食纤维不仅能刺激肠胃蠕动，缓解便秘和痔疮的症状，还能在吸水膨胀后软化粪便，并增加粪便量。益生元指某些不能在小肠中被消化与吸收的食物成分（如部分膳食纤维），但其在大肠中发酵时可刺激双歧杆菌和乳酸菌等有益菌群的生长与繁殖，有助于改善消化系统的功能，降低某些消化道疾病的发病概率。

预防癌症

　　膳食纤维在大肠中发酵后产生的短链脂肪酸既能降低粪便的酸碱值，又能抑制致癌物的产生。而且，膳食纤维能使粪便量增加，因此能起到稀释和排出粪便中的致癌物的作用，从而缩短致癌物在肠道内的存留时间，有益于预防结肠癌。

有利于控制血糖

　　食物中的膳食纤维能减慢人体对葡萄糖的吸收速度和利用速度，因此人在食用富含膳食纤维的食物后，血糖水平不会陡然上升，而会继续保持在正常的范围内，即血糖水平不会发生较大的波动。

膳食纤维的消化与吸收

相较于三大产能营养素，膳食纤维的消化与吸收过程更为简单。不能被小肠吸收的膳食纤维会在结肠内被发酵、分解，产生氢气、甲烷、二氧化碳和短链脂肪酸。短链脂肪酸被肠壁吸收后，会进入代谢过程，可阻碍肝脏合成胆固醇；其他气体会通过打嗝或放屁的方式排出体外。很多肠胃功能较弱的人即使没有过量摄取膳食纤维，饭后也会出现有气体在肚子里乱窜、嗳气和放屁增多且屁味恶臭的现象，这时则需要调整含膳食纤维的食物的食用量和烹饪方式，如避免食用生硬的食物和含有抗性淀粉的食物。

能在大肠中发酵后刺激双歧杆菌和乳酸菌等有益菌群的生长与繁殖的食物成分叫作益生元（如部分膳食纤维），被它激刺而产生的有益菌群叫作益生菌。顾名思义，益生菌是对人体健康有益的菌。目前的研究结果发现，益生菌可调节血糖水平、降低血脂水平并清除肠道毒素。曾反复节食的人群虽然肠胃功能可能较弱，但也不要从过量摄取膳食纤维变为完全不摄取膳食纤维，而要注意观察身体在摄取膳食纤维后的反应，以用餐后不胃肠胀气、不腹泻和不烧心等身体状态为最低标准，逐渐摸索出适合自己身体情况的膳食纤维摄取量和对富含膳食纤维的食物的科学合理的烹饪方式。

膳食纤维
的
摄取原则

膳食纤维的优质食物来源

膳食纤维的优质食物来源包括全谷物、豆类、薯类、蔬菜、水果和坚果等植物性食物。

● 全谷物

膳食纤维含量占比为 2% ~ 12%。在全谷物中，最外层的谷皮主要由纤维素和半纤维素构成，是膳食纤维含量最高的部位，这也是谷皮的口感粗糙、干硬的原因；糊粉层中细胞的细胞壁主要由半纤维素和戊聚糖构成，厚度较大，膳食纤维含量较高，不易被消化；胚乳的纤维素含量非常低，只占 0.3% 或以下。在加工过程中，全谷物保留了谷皮、糊粉层、谷胚和胚乳，而精加工谷物则去除了谷皮、糊粉层和谷胚，只保留了胚乳。因此，谷物的加工越精细，被去除的谷皮、糊粉层和谷胚就越多，膳食纤维的含量就越低。

● 水果

肠胃功能正常的人可食用带果皮的水果，因为苹果皮和梨皮等果皮中含有不可溶性膳食纤维；肠胃功能较弱的人若食用未去皮的水果，则易导致消化不良。

● 蔬菜

所有蔬菜的外层叶片都比内层叶片的膳食纤维含量高，所以外层叶片的口感通常较生硬，而内层叶片的口感通常较柔软。菜梗同样是蔬菜的膳食纤维含量较高的部位。深绿色叶菜的膳食纤维含量高于瓜类蔬菜，但低于鲜豆类蔬菜，大致在所有蔬菜中处于中等位置。

● 坚果

坚果之所以与豆类同是低血糖指数食物，是因为它也富含膳食纤维，如不能被人体吸收的抗性低聚糖和非淀粉多糖。

● 豆类

膳食纤维含量较高，尤其是豆皮。人在食用豆类后易发生胃肠胀气，这是因为豆类含有较多人体无法消化的棉子糖和水苏糖等寡糖，其寡糖含量甚至高于全谷物。不过，寡糖有助于人体肠道内双歧杆菌等益生菌的生长和繁殖。因此，重要的是合理加工与烹饪豆类。将豆类提前浸泡、去皮、发芽或发酵，并使用蒸或煮的方式进行烹饪，都可以明显缓解人在食用豆类后引发的胃肠胀气。

● 薯类

包括红薯、土豆、芋头和山药等含有淀粉的根茎类食物。在日常饮食中，薯类既可以代替部分谷物作为主食，也可以代替部分蔬菜作为副食。薯类含有丰富的膳食纤维，其中纤维素的含量相对较高。纤维素不仅可以促进肠胃蠕动和预防便秘，还易与不饱和脂肪酸相结合，有助于防止血液中胆固醇的形成。不同薯类每 100 g 的膳食纤维含量从高到低依次为红心红薯、芋头、山药、土豆。

膳食纤维的推荐摄取量

目前，全世界并未统一测定食物中膳食纤维含量的方法，因此同一种食物在各国的食物成分表中的膳食纤维含量可能有所不同，各国的膳食纤维每日推荐摄取量也略有差异。

大多数国家推荐的膳食纤维每日摄取量为 20 ~ 35 g；世界卫生组织建议膳食纤维的每日摄取量不超过 40 g；中国营养学会推荐的膳食纤维每日摄取量为 25 ~ 30 g；美国食品药品监督管理局建议女性每日摄取 25 g 膳食纤维，男性每日摄取 38 g 膳食纤维，小孩、老人和肠胃功能较弱的人可适当减量，如每日摄取约 18 g 膳食纤维。因节食造成饮食失调或闭经的人可以先按照推荐范围内的最低值摄取膳食纤维，然后逐渐调整摄取量，但注意一定要食用烹饪至软烂的食物。

人在进行高强度运动后，消化能力会相对降低，因此运动后的一餐的膳食纤维含量可以略低于邻餐。虽然膳食纤维的推荐摄取量不多，但根据我个人的营养素每日摄取记录来看，人若一天中只食用含蛋白质和脂肪的食物再加一些蔬菜，而不食用全谷物、豆类和薯类，那么膳食纤维的每日摄取量其实并不容易达标。除严格节食的人以外，现代人普遍食用精加工食物偏多，食用全谷物和豆类偏少，且蔬菜的食用量不足，因此不容易出现膳食纤维摄取过量的情况。

此外，若节食的人在严格限制食用"肉蛋奶"（尤其是红肉和动物内脏）、坚果和主食的同时过量摄取膳食纤维，可能导致的，缺铁性贫血和缺锌。

注意，以上的膳食纤维每日推荐摄取量只能作为参考，重要的是学会观察并熟悉身体在摄取膳食纤维后的反应，并根据自己的情况而灵活调整膳食纤维的每日摄取量。即使是同一个人，在不同的情况下，消化能力也会不同，所以膳食纤维的摄取量也应及时增减。

平时多留意身体能观察到的即时反应，如肠胃是否舒适、饱腹感的持续时间、大便情况和睡眠质量。当膳食纤维摄取不足时，身体最常见的表现是排便量减少、便秘、大便过硬、出现痔疮、饭后困顿和易饿等；而当膳食纤维摄取过量时，身体常会出现腹胀、腹泻、肚子里因有气体乱窜而疼痛、放屁增多、不停打嗝、烧心和睡眠质量下降等症状，例如我一旦出现消化不良，就会失眠多梦，且做的梦多是噩梦。

关于摄取膳食纤维，
减脂新手应该做的和不应该做的

应该做的

每天观察排便情况，例如排便量是否增多或减少，是否便秘或腹泻等，并根据其变化调整饮食。仅以体重的增减判断某种食物能否使人变瘦是一个常见的减脂误区，因为体重只是一个数字，无法体现饮食对身体的具体影响，而排便情况则是身体对每日的进食情况的最快、最直观的反馈。

简单了解高膳食纤维食物和低膳食纤维食物的种类。例如，相比于蔬菜，全谷物、豆类和薯类也是"膳食纤维大户"，坚果中的杏仁和榛子的膳食纤维含量较高，而精制米面、黄瓜和番茄的膳食纤维含量较低。

学会分辨"真假粗粮"。例如，如果市售的所谓"高膳食纤维全麦面包"的颜色雪白，体型高大，且柔软蓬松，看不到面包中有细小的麦麸存在，则说明它的原料仍以精白面粉为主，全麦粉所占的比例非常低，膳食纤维含量也极低。

最初尝试增加膳食纤维的摄取量时，注意把食物烹饪至软烂再食用。

食用肉类，尤其是食用红肉时，应搭配适量高膳食纤维食物一起食用。

膳食纤维要搭配碳水化合物、蛋白质和脂肪一起摄取。

不应该做的

不要突然增加膳食纤维的摄取量，而要根据个人肠胃的适应情况而循序渐进地增加。

不要空腹食用富含膳食纤维的食物，如空腹饮用芹菜汁或食用苹果皮。

不要因为食用烹饪至软烂的粗粮会使血糖水平上升，就刻意食用夹生的、不易咀嚼的粗粮。

不要通过长期大量食用低能量、高膳食纤维的食物来减脂。例如，食用魔芋虽然会使肚子产生撑胀感，但人体能够从中摄取的营养素很少。体重超标、需要减重的人可以在短期内适量食用魔芋，而体重正常、只想减脂的人则应更注重均衡饮食。

延伸阅读⑨

摄取膳食纤维的
常见误区

误区一：过量食用富含膳食纤维的食物

　　有些人在减脂时不仅大量食用富含膳食纤维的食物，还额外食用标有"快速减脂"的高膳食纤维补品，例如为了填饱肚子以减少进食量，不仅在饭前饮用洋车前子壳粉水，用餐时还继续饮用，直到感觉肚子"饱"了且不会再饿为止。

　　这种做法并不可取，因为其本质还是利用能量低、体积大的食物撑饱肚子，实际上就是在变相节食。人如果在日常饮食中能正常食用主食（包括全谷物、豆类和薯类）、蔬菜、水果和坚果，就无须额外食用高膳食纤维补品。但是，人如果患有某些疾病，则应该在医生的指导下食

用高膳食纤维补品。

误区二：膳食纤维的摄取来源过于单一

　　许多人认为只有脆生生、筋丝多的叶菜类蔬菜富含膳食纤维，但实际上，叶菜类蔬菜由于水分含量较高，在同等重量的情况下，其膳食纤维含量要低于燕麦、碗豆和毛豆等谷物和豆类。此外，口感较软的牛油果和梨等水果也含有较多的膳食纤维。

误区三：长时间以蔬菜代替主食

　　依靠食用大量蔬菜撑饱肚子以减少碳水化合物和脂肪的摄取量，这种方法仅可偶尔为之，例如在外出就餐或食用过多油

腻的食物后，若胃口变差，可以使用此方法，但不可长期使用。

误区四：因膳食纤维不含能量而大量摄取

长期大量食用富含膳食纤维的食物不仅会把胃撑大，导致食量增加，还会让人总有没吃饱的感觉，从而逐渐无法对饥饱感做出正确的判断。人体只有在吸收足够的营养后才能正常工作，大量食用能量低、体积大的低营养食物，例如号称"减脂必备"的魔芋，即便能在短期内产生减脂效果，长此以往肯定会出现问题，如引发暴食。

误区五：突然大幅度地改变主食结构

有些人由于急于减脂，未循序渐进地改变主食结构，即先从在大米饭中添加少量粗粮开始，而是突然将主食全部换为糙米、整粒小麦或整粒豆子。已习惯食用精制米面和精加工食品的人突然改变主食结构，可能给自身的消化系统带来压力，如出现消化不良的症状。因此，应从较小的改变做起，给肠胃和肠道菌群一段适应的时间，例如先在大米饭中加入少量糙米，或在大米粥中加入少量浸泡过的红豆，或在制作白面包时把所用精白面粉的10% ~ 15% 替换为全麦粉。在度过初步的适应期后，如果能接受并适应主食改变后的口味和口感，而且没有出现肠胃不适的情况，才可将主食中粗粮的比例再次尝试提高5% ~ 10%，以此类推。

误区六：认为大量摄取膳食纤维不会损伤肠胃

人只有在经历过后才能有更深刻的体会，例如我虽然早已知道"不要食用过多粗粮"和"摄取过多膳食纤维易导致消化不良且易伤胃"的道理，但那时的我却并不在意，以致后来肠胃出现问题才追悔莫及，希望你能以我为戒。

在家庭中

加工含膳食纤维食材的

注意事项！

针对富含膳食纤维的食材含有抗营养因子的问题

富含膳食纤维的谷物、豆类和坚果中通常都含有抗营养因子，而抗营养因子会阻碍人体对这些食材中的营养素的消化、吸收和利用。建议在烹饪前将以上食材提前浸泡，以提高人体对其中营养成分的吸收率，并改善口感，减少肠胃不适。

针对不可溶性膳食纤维含量高的食材口感粗糙的问题

食材的口感粗糙是由于其不可溶性膳食纤维含量高，与之相对，可溶性膳食纤维含量较高的食材，如水果和豆类，其口感的粗糙程度则相对较低。在烹饪口感粗糙的食材时，应适当增加用水量，并延长烹饪时间，以使食材烹饪至柔软、易嚼。

针对肠胃功能较弱的人的饮食建议

膳食纤维对人体的作用虽然不会因食物被打烂、切碎或加热而失效，但膳食纤维会因此而更易被消化，所以肠胃功能较弱的人可以把富含膳食纤维的食物打烂、切碎或加热后再食用，例如用豆浆机把杂粮搅碎、打烂后食用，把蔬菜切碎、剁烂后当作馅料来制作蔬菜饼。

不要刻意食用未成熟的水果

不要因偏信"未成熟的水果难以消化，所以食用它既能缓解食欲又不会使人发胖"这一观点而刻意食用未成熟的水果，如青涩的香蕉和酸苹果等，因为未成熟的水果会刺激肠胃，不适合肠胃功能较弱的人食用。其实，未成熟的水果主要是由于原果胶的存在而口感硬实，等水果成熟后，原果胶会水解为纤维素和果胶进入细胞汁液中，水果的口感就会相对变软，而且更易被消化。

燕麦酥粒红薯泥

份数：8 份 | 准备时间：10 分钟 | 制作时间：23 ～ 25 分钟

每份				
能量 （kcal）	膳食纤维 （g）	蛋白质 （g）	脂肪 （g）	净碳水化合物 （g）
243	4.9	5.8	9.7	34.2

　　这道燕麦酥粒红薯泥是改良后更加健康的美式焗红薯泥，既可以直接作为早餐，也可以作为一餐中的主食。在红薯泥中调入全脂牛奶和无盐黄油，既弥补了植物性食物缺乏的维生素 A，又让红薯中的膳食纤维更易被人体消化，因此这道红薯泥尤其适合肠胃功能较弱的人食用。由于仅以红薯为主食可能导致营养不良，所以在红薯泥的表面撒上燕麦酥粒后，既能增加食物的风味，又能提高食物的营养价值。这道红薯泥以红薯本身的味道和淡淡的奶香味为主，口感比蒸熟的红薯更加软糯，偶尔吃到一小块红薯更会令人有惊喜的感觉，加上烤出香味的美国山核桃仁，再混合椰子油和蜂蜜的香味，味道层次丰富，甜味更是恰到好处。而且，它在冷藏后还会有类似冰激凌的口感，尤其适合在经期前渴望甜食的女性食用。

红薯泥部分		鸡蛋	1 枚（大）	椰子油（液态）	13 g
熟红薯	750 g	燕麦酥粒部分		无盐黄油（液态）	13 g
全脂牛奶	120 g	速食燕麦片	140 g	肉桂粉	1/4 茶匙
无盐黄油（软化状）	13 g	美国山核桃仁	50 g	香草精	1/2 茶匙
香草精	1/2 茶匙	海盐	1/4 茶匙	红糖	适量
海盐	1/2 茶匙	蜂蜜	30 g		

1. **做红薯泥**：烤箱预热至 190 ℃，烤盘抹油，备用；先将熟红薯压成泥，鸡蛋打成蛋液，再在碗里将红薯泥部分所有的食材拌匀，并倒入烤盘抹匀。

★ 拌匀后的红薯泥应类似于浓稠的土豆泥。由于不同品种的红薯的水分含量存在差异，如果初步拌匀后的红薯泥浓稠度过高，可再加入适量全脂牛奶稀释。

2. **做燕麦酥粒**：先将美国山核桃仁切大块，再在中碗里将速食燕麦片、美国山核桃仁块和海盐拌匀，接着加入

需要摄取更多的能量时：可在红薯泥中加入适量蜂蜜。
需要摄取更少的能量时：可略减少无盐黄油或椰子油的用量。

1. 本食谱的用油量较少，所以燕麦酥粒的酥脆程度不高。若想使其口感更加酥脆，增加用油量即可。
2. 若偏爱甜味，可在红薯泥里加入适量红糖和蜂蜜。
3. 不建议用橄榄油等其他植物油代替无盐黄油，因为这道美食主要凸显的是奶香和红薯香。推荐使用有机、草饲且无添加的无盐黄油。

蜂蜜、椰子油和无盐黄油拌匀，最后加入肉桂粉和香草精拌匀；将拌匀后的燕麦片均匀地铺在红薯泥上，再撒上适量红糖。

3. **烤制**：将烤盘放入烤箱中层，烤制 23 ~ 25 分钟，直至燕麦片变为金黄色；取出后，淋上适量蜂蜜（原料用量外），趁热食用。

★ 不必严格遵守烤制时间。若偏爱较湿润的口感，可减少烤制时间；若偏爱粉糯的口感，可增加烤制时间。注意，当表面的美国山核桃仁块的颜色变深时，需尽快结束烤制，以防烤煳。

食材课堂：燕麦

认识燕麦

图 4-1 中为五种不同的燕麦。不同的燕麦主要在形状、口感、香味和加工程度上稍有差异。除了添加其他配料的燕麦外，各种原味燕麦的营养价值差别不大，主要的差别在于对血糖水平的影响。目前，中国对于燕麦细分后的品种名称尚不统一，因此本书中出现的燕麦名称以表 4-1 为准。

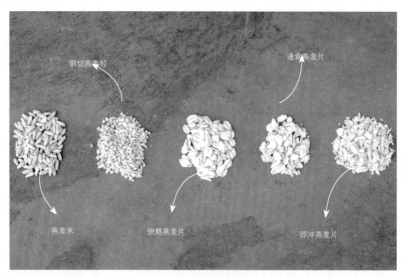

图 4-1 五种不同的燕麦

表 4-1 不同燕麦的区别

燕麦品种	烹饪时间	烹饪前	烹饪后	用途	肠胃功能弱、身形瘦弱的人	肠胃功能正常、体重超标想减重或体重正常想减脂的人
燕麦米	·锅煮: 50～60分钟 ·最好提前浸泡	·去壳的整粒燕麦米	·裂开后仍保持整粒状 ·有燕麦香 ·口感的软硬度类似糙米,但比糙米更黏 ·升糖速度最慢	·煮饭 ·蒸饭 ·煮杂粮粥 ·磨燕麦粉 ·做甜胚子 ·做发芽燕麦		✔
钢切燕麦粒	·锅煮:30分钟 ·最好提前浸泡	·切为小颗粒的燕麦米	·仍保持小颗粒状 ·有燕麦香 ·口感黏糯,有嚼劲 ·升糖速度较慢	·做面包 ·煮燕麦粥 ·磨燕麦粉		✔
快熟燕麦片	·锅煮或微波炉加热:5～10分钟 ·无须提前浸泡	·压为整片的熟燕麦米(有薄厚之分)	·体积膨胀多 ·略有燕麦香 ·口感类似纸片,较有嚼劲 ·升糖速度中等	·做面包 ·煮燕麦粥 ·做能量棒 ·磨燕麦粉	✔	✔
速食燕麦片	·锅煮或微波炉加热:2分钟 ·无须提前浸泡	·切为小片的快熟燕麦片	·体积膨胀较多 ·没有燕麦香 ·口感类似稠粥 ·升糖速度较快	·做面包 ·煮燕麦粥 ·做能量棒 ·磨燕麦粉	✔	✔
即冲燕麦片	·微波炉加热:1分钟 ·用开水或热牛奶冲泡:即冲即吃 ·无须提前浸泡	·比速食燕麦片更薄、碎、小的燕麦片 ·一般为独立的小包装 ·预调口味最多,如有草莓味和肉桂味等	·体积膨胀较少 ·没有燕麦香 ·口感类似米糊 ·升糖速度最快	·煮燕麦粥	✔	

表格说明:

·表中标出的每种燕麦在食用后的升糖速度的快慢仅为这5种燕麦之间的对比结果,与其他食物无关。

·表中右侧两栏仅为食用建议,未画勾的燕麦品种不代表相关人群绝对不能食用。

·不同的燕麦品牌对燕麦的分类存在差异,例如有些品牌将速食燕麦片与即冲燕麦片视为同一类别。总体而言,市场上大致将燕麦分为钢切燕麦、快熟燕麦和速食燕麦。

· 快熟燕麦片的实用性最高，因此建议家中常备快熟燕麦片。

· "钢切燕麦粒 + 快熟燕麦片"是最实用的燕麦组合，因为它们一个味道可口，一个易于烹饪，且二者的各项指标都较为均衡。

· 不同品牌的燕麦的各项指标会略有差异，以包装上的数字为准。

· 燕麦的具体食用量根据个人的需求决定即可。

常见误区

误区一：为了减脂而购买加工程度最低的燕麦

燕麦并非加工程度越低，则减脂效果越好。加工程度低的燕麦不易被人体消化，因此应根据个人的消化能力选择适合自己的燕麦品种。肠胃功能较弱的人若食用加工程度低的燕麦，可能出现胃肠胀气和烧心等症状。

误区二：所有燕麦都是健康食品

很多市售的即冲燕麦片中会加入糖和香精等配料，因此推荐购买配料表中只有燕麦名称的纯天然燕麦。

误区三：减脂者必须食用燕麦

由于西方人没有经常食用杂粮的习惯，多以土豆和白面包为主食，而相较于其他杂粮，燕麦在西方的普及率最高，价格还相对较低，所以最常见于西式减脂餐。

如果你难以购买到原味燕麦，可用其他杂粮代替，不必非要食用燕麦。而且，即便每餐都食用燕麦，也并不能保证一定会瘦。

购买原则

◇ 购买与自己的消化能力相匹配的燕麦。肠胃功能较弱的人可购买加工程度高的燕麦，肠胃功能正常且体重超标的人可购买加工程度低的燕麦。

◇ 推荐购买原味、无食品添加剂的燕麦。

◇ 推荐同时常备加工程度高和加工程度低的两种燕麦，以备不时之需。

◇ 推荐购买小包装的燕麦。不要因追求实惠而购买大包装的燕麦，因为燕麦的脂肪含量高，易氧化变质，保持期一般较短。

◇ 不推荐购买散装的燕麦。这同样是因为燕麦的脂肪含量高，易氧化变质。

◇ 麸质过敏者可购买无麸质燕麦。

注意：在购买燕麦前，须提前确认自家的高压锅或电饭锅能否烹饪燕麦。例如，有些品牌的高压锅会特别标注不可烹饪钢切燕麦粒，否则会堵塞出气孔。

苹果燕麦脆

份数：2份 | 准备时间：8分钟 | 制作时间：30～35分钟

能量 （kcal）	膳食纤维 （g）	蛋白质 （g）	脂肪 （g）	净碳水化合物 （g）
231	3.5	5	9	35

　　这道苹果燕麦脆类似简易版的苹果派，其中的苹果软烂香甜，燕麦香脆可口。就营养价值而言，苹果含有的果胶既能控制血糖水平，又能维持饱腹感；燕麦同时含有可溶性膳食纤维和不可溶性膳食纤维，且与核桃仁都富含B族维生素，有助于缓解情绪化和乏力的症状；葡萄干富含铁和钙，搭配红糖和蜂蜜，再加上热乎乎的软苹果泥，尤其适合女性在经期食用。

苹果馅部分		蜂蜜	10 g	柠檬皮屑	3～5 g
苹果	1个（小）	**燕麦脆部分**		海盐	$^1/_8$ 茶匙
柠檬汁	8 g	无盐黄油（或椰子油）	7 g	中筋面粉	5 g
葡萄干	10 g	快熟燕麦片	40 g	香草精（选用）	$^1/_4$ 茶匙
肉桂粉	$^1/_4$ 茶匙	核桃仁	15 g	肉桂粉（选用）	$^1/_8$ 茶匙
海盐	$^1/_8$ 茶匙	红糖	10 g		
淀粉	$^1/_2$ 茶匙	柠檬汁	2 g		

1. **拌苹果馅**：先将苹果去皮后切薄片，再在碗里将苹果馅部分的所有食材拌匀，并倒入烤盘抹匀。

★ 烤盘抹油与否皆可。

2. **拌燕麦片**：用微波炉加热无盐黄油15秒左右，直至其熔化；核桃仁切小块；用拌苹果馅的碗把燕麦脆部分的所有食材拌匀。

★ 若碗底有干粉剩余，可加几滴清水调和。

3. **烤制**：烤架放于烤箱中层，烤箱以下火预热至175℃；将拌好的燕麦片均匀地铺在烤盘中的苹果馅上，放入烤箱烤制30～35分钟。

> **麸质过敏者**：可用无麸质燕麦片代替快熟燕麦片，用杏仁粉或无麸质燕麦片代替中筋面粉。
> **坚果过敏者**：可用奇亚籽或亚麻籽代替核桃仁。
> **需要摄取更多的能量时**：可搭配1枚水煮蛋食用。
> **需要摄取更少的能量时**：可减少红糖或蜂蜜的用量。

★ 烤制完成的标准：食物的香气四溢，打开烤箱后能听到冒泡声，且燕麦片呈金黄色。

★ 烤制时间应根据烤盘的深浅与馅料的厚度灵活增减。

4. 刚烤制完成的燕麦片口感不脆，静置 5 ～ 10 分钟后才会变脆，此时也是最佳的食用时间。

减脂课堂

水果中的果胶有利于减脂吗？

果胶属于膳食纤维中的可溶性膳食纤维，其作用是像胶水一样将水果果肉中的细胞粘在一起。果胶处于酸性条件下或被加热时，会呈黏稠的凝胶状，这就是苹果酱、山楂酱和草莓酱等果酱的制作原理。未成熟的水果口感硬实，成熟的水果口感会相对变软，过熟的水果口感会变得软烂，其原因就是水果中的果胶和其他成分的含量发生了变化。

口感硬实的水果能促进人的咀嚼，从而刺激唾液的分泌，给人以进食后的满足感，使食欲降低，因此有助于控制进食量，使人实现减重。注意，口感硬实的水果不适合肠胃功能较弱的人食用。

不过，成熟后的水果也有助于减重。水果中的可溶性膳食纤维（如果胶）在肠胃内遇水后会形成凝胶，减慢食物中碳水化合物和脂肪等营养素的移动速度和在肠道内被人体吸收的速度，从而减缓胃的排空，防止血糖水平迅速上升，并降低血液中胆固醇的含量。因此，可溶性膳食纤维有助于体重超标且肠胃功能正常的人减重。

需要注意的是，若肠胃功能较弱且吸收能力较差的人大量食用会减慢人体对营养的吸收速度的食物，则无疑是"雪上加霜"。果胶和果糖都会减慢胃的排空速度，加重消化负担，所以很多肠胃功能较弱的人在食用水果后会出现胃疼、胃肠胀气和放屁增多的症状，长期大量食用水果更会影响他们对蛋白质和脂肪等营养素的正常吸收，间接导致营养不良。因此，正所谓"甲之蜜糖，乙之砒霜"，食物没有绝对的好坏之分，应具体问题具体分析。肠胃功能较弱的人除了应食用合适的水果外，也可将水果加热至熟透后再食用。

肉丸番茄拌面

份数：2份 | 准备时间：10分钟 | 制作时间：50分钟

每份				
能量 （kcal）	膳食纤维 （g）	蛋白质 （g）	脂肪 （g）	净碳水化合物 （g）
297	8	27	9	27

注：不同品种的面条所含的能量与营养素差异较大，奶酪片为选用，所以二者所含的能量与营养素皆未计入其中。

这道拌面中的肉丸不同于传统肉丸，它以富含 β- 葡聚糖的燕麦代替了淀粉，加入了荸荠和香菇，这样既有利于控制血糖水平，补充传统肉丸中缺少的膳食纤维，还赋予其软弹的口感，非常适合搭配面条食用。

肉馅部分		白胡椒粉	$^1/_8$ 茶匙	酱油	1 汤匙
虾仁	100 g	黑胡椒粉	$^1/_8$ 茶匙	海盐	$^1/_4$ 茶匙
猪瘦肉馅	120 g	海盐	$^1/_2$ 茶匙	番茄酱	2 汤匙
干香菇	5 朵（小）	香油	$^1/_2$ 茶匙	姜末	适量
荸荠	50 g	**酱汁部分**		奶酪片（选用）	1 片
鸡蛋	1 枚（大）	番茄	500 g	**其他部分**	
香葱	1 根	长茄	200 g	面条	80 g
姜末	少许	蒜	1 瓣（大）	香菜	3 ~ 4 根
即冲燕麦片	15 g	香葱	1 根		
鱼露	$^1/_2$ 茶匙	料酒	1 汤匙		

1. **拌肉馅**：提前泡发干香菇，并留存泡香菇的水备用；虾仁剁为虾泥；香菇和荸荠切小粒；肉馅部分的香葱切葱花后剁烂；鸡蛋打成蛋液；在搅拌盆里混合肉馅部分的所有食材，并沿顺时针的方向快速搅拌，直至肉馅黏稠有弹性。

★ 好吃的关键一：务必将香葱剁烂成泥。整片的葱花不仅会影响肉馅的口感，还不易入味。

★ 好吃的关键二：只沿顺时针的方向将肉馅搅拌至黏稠有弹性。这样有助于丸子成形，并提升口感。

★ 若肉馅太干，在搅拌时可加入适量泡香菇的水。

★ 若使用冷冻虾仁，需提前解冻。

> **海鲜过敏者**：可用鸡肉或猪肉代替虾仁。
>
> **鸡蛋过敏者**：可省略鸡蛋。
>
> **需要摄取更多的能量时**：可多加入 1 片奶酪片或在拌肉馅时多加入适量即冲燕麦片。
>
> **需要摄取更少的能量时**：可用土豆丁代替少量面条。

1. 如果市售的猪瘦肉馅仍然较肥，可将一块猪里脊肉现绞为肉馅。

2. 若只有整片的燕麦片，可以用食物料理机将其打碎后使用。

3. 建议肠胃功能较弱的人将长茄去皮；肠胃功能正常的人可不去皮，以保留其中的营养素。

4. 荸荠富含碳水化合物，若搭配主食食用，应减少主食量。若使用罐装的荸荠，推荐购买配料最简单的荸荠罐头，如只含荸荠和水的品种；如果荸荠罐头的配料中有柠檬酸，则应在食用前提前用水冲洗荸荠。此外，推荐购买知名品牌的荸荠罐头，因为有些三无产品会用工业柠檬酸浸泡荸荠。

2. **备菜**：番茄切小块；长茄切为 0.5 cm 的小丁；蒜切薄片；酱汁部分的香葱切葱花后剁烂。

3. **做酱汁**：不粘锅热后，以薄油覆盖锅底，炒香蒜片、葱泥和姜末，再加入番茄块、料酒和酱油，翻炒至番茄块变软，再放入长茄丁炒至变软；将泡香菇的水倒入锅中，以大火煮开，制成酱汁。

4. 戴上一次性手套，取 1 汤匙量的肉馅搓成丸子放入盛有酱汁的锅里，重复此动作至处理完所有肉馅。

5. 将锅内水位控制在丸子高度的一半，先不搅动丸子，以大火将汤汁煮沸 3 ~ 4 分钟，直至丸子定型；同时，用另一口煮锅开始煮面，煮制时间以其包装袋上的建议时长为准。

6. 在丸子定型后放入海盐，盖上锅盖，以中小火煮 5 分钟后打开锅盖，转大火适当收汁；准备出锅时，加入番茄酱拌匀，也可选择加入奶酪片，待奶酪完全熔化后即可关火；关火后，盖上锅盖再闷 20 分钟，使肉丸充分入味。

7. 先切碎香菜，再在碗里将做好的肉丸和面条拌匀，撒上香菜碎，尝味后依口味喜好酌情加入适量海盐和番茄酱（原料用量外）调味。

减脂课堂

如何自查膳食纤维是否摄取过多？

经常大量食用富含膳食纤维的食物的减脂者若出现以下症状，则可能意味着他们的膳食纤维摄取过多。

◇ 胃肠胀气。

◇ 饭后嗳气。

◇ 放屁增多且屁味闷臭。

◇ 白天腹部平坦，但晚上腹部凸出。

◇ 大便不成形、颜色发绿或混有未消化的菜叶。

◇ 食用大量蔬菜后仍感到饥饿。

五香烤紫甘蓝

份数：2 份 | 准备时间：8 分钟 | 制作时间：20 ~ 25 分钟

能量 （kcal）	膳食纤维 （g）	蛋白质 （g）	脂肪 （g）	净碳水化合物 （g）
124	9	5.4	5.5	9.2

这是一道富含蛋白质和膳食纤维的配菜，烹饪方式简便、快捷。它虽是素菜，却有类似红烧肉的香味。烤软的紫甘蓝没有生涩的苦味，反而味道鲜甜，口感软烂，易于消化。

鱼露和蒜是为本菜品提味的秘诀，建议不要省略。其中，鱼露富含氨基酸，主要作用就是给菜品提鲜。鱼露不同于酱油和醋，在单独使用时易有腥味，需要搭配其他调味品或罗勒等香草做成汁，这样在使用时才不会有腥味，而且只需几滴就可以让菜品的味道更加鲜美，层次更加丰富。

紫甘蓝	450 g	鱼露	17 g	五香粉	1/4 茶匙
橄榄油	10 g	海盐	1/4 茶匙	香葱	1 根
蒜	2 瓣（大）	黑胡椒粉	1/8 茶匙		

1. **备菜**：紫甘蓝切为宽 0.5 cm 的细丝；蒜压泥；香葱切
　　葱花。

★ 紫甘蓝丝应粗细均匀，尤其要切细粗梗。

2. **搅拌**：在大盆里将所有食材拌匀（葱花除外），然后静
　　置入味。

★ 推荐用手将紫甘蓝丝与其他食材拌匀。

3. **烤制**：烤箱预热至 230 ℃，烤盘抹油；将拌匀后的紫甘
　　蓝丝均匀地铺在烤盘上，放入烤箱烤制 20 ~ 25 分钟，
　　直至其完全变软且表面微焦即可。

★ 此时预热烤箱是为了延长紫甘蓝丝的腌制时间，使其更入味、更
　软。如果时间紧迫，则可在备菜前预热烤箱。

★ 建议中途取出烤盘将紫甘蓝丝翻一次面，再继续烤制。

需要摄取更多的能量时：可增加
橄榄油的用量。
不建议摄取更少的能量。

4. 取出烤盘，在紫甘蓝丝表面撒上葱花，尝味后依口味喜好酌情加入适量海盐和黑胡椒粉（原料用量外）调味。

食材课堂：紫色蔬菜

紫茄子、紫豆角、紫豇豆、紫甘蓝、甜菜、紫薯和紫土豆等紫色蔬菜在营养素含量方面有以下特点。

◇ 碳水化合物：除甜菜、紫薯和紫土豆的碳水化合物含量较高外，其他紫色蔬菜的碳水化合物含量可忽略不计。

◇ 脂肪：脂肪含量可忽略不计。

◇ 蛋白质：紫豆角和紫豇豆的蛋白质含量较高。

◇ 膳食纤维：鲜豆类的紫色蔬菜的膳食纤维含量较高，其他紫色蔬菜的膳食纤维含量则总体属于中等水平。

◇ 维生素和矿物质：鲜豆类的紫色蔬菜富含 B 族维生素、钾、钙和铁，紫茄子富含维生素 B_3 和锌，甜菜富含锰。

总体而言，紫色蔬菜的营养素含量略低于深绿色蔬菜，但是花青素含量通常较高。花青素具有抗氧化能力，有助于人体在运动后恢复体能。

此外，紫色蔬菜易引发肠胃不适。紫色蔬菜若加工不当，食用后易使人出现胃肠胀气、腹泻和放屁增多的症状。原因有二，一是其本身富含膳食纤维，二是紫色等深色的蔬菜、水果和粗粮都比浅色的同类食物更易刺激肠胃。

对于紫色蔬菜，最重要的是使用正确的方式进行烹饪，即一定要将其烹饪至软烂。推荐使用蒸制的方式对其进行烹饪，因为蒸熟后的紫色蔬菜会变得非常柔软，即使是肠胃功能较弱的人也可以食用。除此之外，也可用烤箱将其烤至软烂，这样不仅能使其变得易于消化，还能使其香甜味更加浓郁。

总之，建议适量地间隔食用以合适的方式烹饪后的紫色蔬菜，以提高饮食的多样性。

缺乏维生素
和矿物质，
会变成
"瘦胖子"！

节食可能造成维生素和矿物质摄取不足的问题，从而使人体无法维持正常的能量代谢，出现身体水肿、体力下降和面容憔悴等情况，导致拥有健美身材的梦想破灭。

▶减脂新手通常最关心能量的摄取量，其次是碳水化合物、脂肪和蛋白质的摄取量，而与它们同样重要的维生素和矿物质却常被忽略。与膳食纤维的处境相似，维生素和矿物质因为不能为人体提供能量，所以存在感相对较低。减脂人群常见的误区之一就是只以所含能量的高低作为判断食物是否应该食用的标准。

碳水化合物、脂肪和蛋白质在膳食中所占的比重大，含量常以几十克至上百克计算，因此也被称为宏量营养素。维生素和矿物质在膳食中所占的比重小，含量常以毫克或微克计算，且人体每日的需求量不足 1 g，远少于宏量营养素的需求量，因此被称为微量营养素。人体必需的维生素共有 13 种，包括 9 种水溶性维生素（8 种 B 族维生素和维生素 C）和 4 种脂溶性维生素（维生素 A、维生素 D、维生素 E 和维生素 K）。不过，人体虽然对微量营养素的需求量较少，但一定不能缺乏它们。众所周知，三大产能营养素负责提供可维持人体各项功能正常运行的能量，即产能的原材料，就如同一辆汽车中的汽油，而微量营养素则负责保证能量产生的过程顺利进行，即协助身体的各个器官把原材料"加工"成能量，就如同汽车零件之间的润滑油，可使汽车的行驶更加顺畅，并最大化地提高其性能。因此，如果缺少微量营养素的帮助，人体即使摄取了碳水化合物、脂肪和蛋白质，也无法对它们进行正常的代谢，而且会出现各种不适的症状，如水肿、疲劳、缺铁性贫血、脱发、抑郁、肠胃功能减弱和免疫力下降等。

然而，在现实中很多人都会忽略微量营养素的摄取，原因有二：一是人体对微量营养素的需求量远少于对宏量营养素的需求量，且即使不摄取微量营养素也不会直接影响人的饥饱感；二是即便饮食中缺少某些微量营养素，身体也不会立刻产生反应。人体对缺乏维生素所做出的反应是渐进式的，即当饮食中缺少某种维生素时，人体会动用之前储备的这种维生素来维持正常的生理功能，而只有当这种维生素持续缺乏时，人体才会出现与代谢相关的异常症状。具体来说，人体在最初缺乏维生素时，并不会有明显的异常情况，可能只是感到疲惫、精神萎靡、情绪低落、睡眠质量下降、食欲波动、学习效率下降和难以集中注意力等，但这些不会显著地影响日常生活，身体的各项检查指标也都显示正常；若缺乏维生素的情况长期未得到改善，人体才会出现一些临床症状，例如长期缺乏维生素 B_6 会影响神经递质的合成，从而导致抑郁、思维混乱和失眠。

注意，不同的维生素之间存在协同作用，可在功能上相互联系，例如维生素 B_6 可促进人体内血红蛋白的合成，而维生素 B_2 的缺乏会使维生素 B_6 无法转化为活性形式，从而阻碍血红蛋白的合成，因此缺乏维生素 B_2 的人更易患小细胞低色素性贫血。所以，缺乏维生素的临床症状一般表现为缺乏多种维生素的症状。

深度了解
维生素和
矿物质

本章会分别介绍与减脂密切相关的维生素和矿物质，从而使你明白为什么饮食应该多样化，为什么通过食用玉米、鸡胸肉和蔬菜来为人体摄取足够的能量的方式不能实现真正的健康减脂。

在维生素的部分，本章重点对 B 族维生素进行了详细的剖析。B 族维生素大多以辅酶的形式参与人体内物质和能量的代谢，因此缺乏 B 族维生素会导致代谢障碍。换言之，若想实现健康减脂，除了需重视三大产能营养素的摄取外，B 族维生素的摄取也同样应被重视。

与维生素相似，矿物质也是微量营养素，对于维持人体生理功能的正常运行具有非常重要的作用，例如肌肉收缩、氧气运输、神经冲动传导、维持心率正常和骨骼健康都需要矿物质的参与。大多数学者认为，矿物质中的氢、碳、氧、氮、磷、硫、氯、钠、镁、钾和钙是人体必需的 11 种常量元素，约占体重的 99.9%，其中磷、硫、氯、钠、镁、钾和钙在人体内的含量较高，约占人体总成分的 60% ~ 80%。在人体必需的 11 种常量元素中，钙在人体内的含量最高，而钠和钾的人体每日需求量最多。

由于篇幅有限，本章主要介绍与实现健康减脂、保持或增加瘦体重、提高运动能力这三者的联系最为密切的维生素和矿物质。

● 维生素 B$_1$

维生素 B$_1$ 又称硫胺素，对碳水化合物和蛋白质的代谢具有重要作用，因为其辅酶形式是硫胺素焦磷酸——碳水化合物和蛋白质的代谢所必需的辅酶，所以人体缺乏维生素 B$_1$ 将影响碳水化合物和蛋白质产生能量，使二者无法为人体有效供能。此外，人体缺乏维生素 B$_1$ 不仅会使肠胃蠕动减慢，从而造成食欲下降，导致身体无法从食物中获取足够的营养素，还会影响神经传导。

食物来源

含有维生素 B$_1$ 的食物较多，许多动植物性食物都含有维生素 B$_1$。维生素 B$_1$ 含量高的食物有葵花子、花生、猪瘦肉、动物内脏、大豆和蚕豆，不过以上食物均应控制食用量，所以它们仅可作为副食。

全谷物（如糙米）、豆类和薯类的维生素 B$_1$ 含量略低于以上食物，不过它们在日常中的食用量较多，所以可作为维生素 B$_1$ 的主要食物来源。从这个角度来说，限制主食的食用种类和食用量都有可能导致维生素 B$_1$ 摄取不足，拒食主食则会造成更严重的后果。

蔬菜、水果和水产品的维生素 B$_1$ 含量相对较低，因此它们不可作为维生素 B$_1$ 的主要食物来源。

缺乏维生素 B$_1$ 的原因

◇ 只以精制米面为主食，很少食用薯类、豆类、蛋类、奶制品、肉类和蔬菜等副食。
◇ 节食导致饮食质量较低。
◇ 偏爱甜食，且在日常生活中以食用油炸食品和速食食品为主。
◇ 经常进行高强度的体育运动，从而会比不运动或运动量较少的人消耗更多维生素 B$_1$。

缺乏维生素 B$_1$ 的症状

◇ 下肢无力，且伴有沉重感、针刺感或蚁走感。
◇ 小腿酸痛。
◇ 食欲下降。
◇ 便秘。
◇ 消化不良。
◇ 健忘、易怒、忧郁、失眠、不安和感情淡漠等神经系统症状。

小贴士

◇ 食物的维生素 B$_1$ 含量受采摘、储藏、加工和烹饪的影响较大。在加工和烹饪的过程中，食物中最易损失的是水溶性维生素，而维生素 B$_1$ 作为水溶性维生素之一，易损程度仅次于维生素 C。
◇ 维生素 B$_1$ 对光敏感，因此含维生素 B$_1$ 的食物应避光储存。
◇ 建议减少淘米次数。
◇ 油炸和加碱会导致食物中的维生素 B$_1$ 大量损失。
◇ 以蒸、煮或炖的方式烹饪食物时，维生素 B$_1$ 等水溶性维生素会从食物中渗出 50% 的量进入汤汁，因此建议饮用食物的汤汁。
◇ 维生素 B$_1$ 对氧敏感，因此含维生素 B$_1$ 的食物应加盖烹饪。

● 维生素 B$_2$

维生素 B$_2$ 又称核黄素，是实现健康减脂不可或缺的营养素，在碳水化合物、脂肪和蛋白质的代谢过程中具有重要作用。人体中的维生素 B$_2$ 会以黄素腺嘌呤二核苷酸和黄素单核苷酸的形式作为辅酶参与能量的生成过程——人体内的碳水化合物、脂肪和蛋白质被分解后，黄素腺嘌呤二核苷酸和黄素单核苷酸会参与电子传递，使三大产能营养素产生腺苷三磷酸（下文简称 ATP），即人类进行日常活动所需的能量。因此，维生素 B$_2$ 摄取不足会阻碍人体将食物转化为能量的进程，从而降低人的运动能力。当运动能力下降时，人们通常依靠节食来维持或降低体重，从而形成恶性循环。

食物来源

奶制品（如牛奶、酸奶和奶酪）、深绿色叶菜、蛋黄、谷物、肉类、动物内脏、豆类、坚果（如杏仁）和水果都含有维生素 B$_2$。此外，豆豉和纳豆等发酵食品同样是维生素 B$_2$ 的食物来源。

虽然深绿色叶菜的维生素 B$_2$ 含量低于奶制品、肉类和坚果等，但由于其在日常中的食用量较多，所以也可作为维生素 B$_2$ 的主要食物来源。

缺乏维生素 B$_2$ 的原因

◇ 采取不健康的节食方式。例如，食用减肥药、催吐和食用过多烹饪不当的粗粮等都会造成人体对维生素 B$_2$ 的吸收率和利用率降低或排泄量增加。

◇ 饮食结构不合理。饮食结构会影响人体对维生素 B$_2$ 的需求量，例如高蛋白质、低碳水化合物的饮食会使人体对维生素 B$_2$ 的需求量增加。

◇ 运动量增多（尤其是运动达人）。运动量的增多会增加人体对维生素 B$_2$ 的需求量。

◇ 酒精、咖啡因和糖精，以及铁离子、锌离子和铜离子都会影响人体对维生素 B$_2$ 的吸收。

缺乏维生素 B$_2$ 的症状

◇ 嘴唇干裂、口腔黏膜水肿或充血、口角炎、口周围或外阴（阴囊）周围皮肤发炎。

◇ 眼睑炎、畏光、易流泪、视物模糊。

◇ 脂溢性皮炎、湿疹。

◇ 多发性末梢神经炎。

◇ 对温觉、触觉、震动和位置的判断能力下降。

◇ 免疫力下降。

◇ 严重可导致胎儿畸形。

小贴士

◇ 不要对谷物进行过度加工。谷物中的维生素 B$_2$ 主要集中于谷胚和谷皮，过度加工会导致谷物中的维生素 B$_2$ 大量损失。

◇ 减少淘米次数。

◇ 烹饪含维生素 B$_2$ 的食物时不要加碱。

◇ 减少蔬菜的焯水时间，且焯水后应将其迅速过凉水以降温。

◇ 维生素 B$_2$ 对光较敏感，因此含维生素 B$_2$ 的食物应避光储存。例如，牛奶是维生素 B$_2$ 的主要食物来源，因此推荐购买冷藏且包装不透光的牛奶，且牛奶在开封后尽快饮用完毕。

● 维生素 B$_3$

维生素 B$_3$ 又称烟酸, 同样是碳水化合物、脂肪和蛋白质的代谢所必需的营养素, 对于实现健康减脂具有重要作用。食物中的维生素 B$_3$ 在人体内经过代谢后会形成烟酰胺腺嘌呤二核苷酸和烟酰胺腺嘌呤二核苷酸磷酸, 而碳水化合物、脂肪和蛋白质通过分解而产生 ATP 的过程需要烟酰胺腺嘌呤二核苷酸作为电子载体, 即人体内的细胞若想让碳水化合物、脂肪和蛋白质产生能量, 离不开维生素 B$_3$ 的帮助。节食会导致维生素 B$_3$ 摄取不足, 从而阻碍碳水化合物、脂肪和蛋白质的代谢进程, 使人体无法从食物中摄取足够的营养和能量, 以致渴望食用更多的食物, 从而形成恶性循环。

缺乏维生素 B$_3$ 的原因

◇ 长期以玉米为主食且不食用其他副食 (如肉类)。
◇ 长期节食。

缺乏维生素 B$_3$ 的症状

◇ 糙皮病 (即烟酸缺乏症) 的起病缓慢, 首先会导致人体出现体重下降、失眠、健忘和疲劳的症状, 但由于其程度较轻, 很难引起人的重视; 若未及时进行治疗, 人体会进一步出现皮炎、腹泻和痴呆的症状 (以上三个症状的英文都由 "D" 开头, 所以它们被称为糙皮病的 "3D" 症状); 最后, 人体会出现神经系统症状, 如抑郁、烦躁和失眠, 甚至狂躁、幻听、幻视和神志不清。

食物来源

含有维生素 B$_3$ 的食物来源广泛, 单位维生素 B$_3$ 含量最高的是香菇, 其次是花生、猪肝、黄豆、牛瘦肉、猪瘦肉、鸡肉、羊瘦肉和带鱼; 此外, 籼米、海虾、全麦粉、鸡蛋、玉米和土豆也含有较多的维生素 B$_3$。

不过, 香菇的单位维生素 B$_3$ 含量虽然最高, 但是它实际的食用量要少于瘦肉类, 而瘦肉类的单位维生素 B$_3$ 含量虽然相对较低, 但是它实际的食用量较多, 所以瘦肉类是维生素 B$_3$ 最主要的食物来源。

小贴士

◇维生素 B$_3$ 的稳定性相对较高, 在烹饪过程中不易被酸、碱、氧、光、热和高压破坏, 但易溶于水而流失。
◇炖肉的汤汁不应过咸, 建议撇去其表面的浮油后饮用。
◇推荐使用泡干香菇的水炖肉。

维生素 B$_5$
维生素 B$_7$

维生素 B$_5$ 又称泛酸，是辅酶 A 的组成成分之一，而食物中的碳水化合物、脂肪和蛋白质转化为 ATP 为人体供能的过程离不开辅酶 A 的帮助。同时，维生素 B$_5$ 不仅在三羧酸循环中具有重要作用，还参与肝糖原的合成。此外，乙酰胆碱、胆固醇、甾体激素和辅酶 Q10 等人体内物质的合成都需要维生素 B$_5$ 的参与。

维生素 B$_7$ 又称生物素，主要起到辅酶的作用，既是二氧化碳在人体内运转的载体，也是碳水化合物、脂肪、蛋白质和胆固醇的代谢所必需的营养素。

人体缺乏维生素 B$_5$ 和维生素 B$_7$ 不仅会阻碍三大产能营养素转化为能量的进程，还会使胆固醇和各种与减脂相关的激素的合成无法正常进行，从而导致身体功能全面减弱，无法实现健康减脂。

缺乏维生素 B$_5$ 和维生素 B$_7$ 的原因

常见的食物基本都含有维生素 B$_5$ 和维生素 B$_7$，而且人体不仅对维生素 B$_7$ 的需求量很少，还能在肠道内由肠道细菌自行合成维生素 B$_7$，因此人体缺乏这两种维生素的情况非常罕见。不过，以下原因会导致人体缺乏维生素 B$_5$ 和维生素 B$_7$。

◇ 缺乏维生素 B$_5$ 的原因有饮食结构不合理、烹饪方式不当和长期严格节食。

◇ 缺乏维生素 B$_7$ 的原因有长期生食鸡蛋、长期严格节食和缺乏胃酸。

缺乏维生素 B$_5$ 和维生素 B$_7$ 的症状

◇ 缺乏维生素 B$_5$ 的症状为生长发育迟缓、不孕、流产、脱发、肠胃功能紊乱、烦躁、头疼、乏力、抑郁、手脚麻木且刺痛、手臂或腿部肌肉痉挛、低血糖和身体各种代谢功能全面减弱等。

◇ 缺乏维生素 B$_7$（10周后）主要表现为皮肤症状，如皮肤干燥、红色皮疹和鳞片状皮炎；此外，有脱发、毛发变细且失去光泽、恶心、呕吐、食欲降低、沮丧、乏力、高胆固醇血症和脑电图异常等。

食物来源

动物肝脏、动物肾脏、蛋黄、坚果和蘑菇的维生素 B$_5$ 含量较高，其次是豆类、全麦粉、花椰菜、鸡肉和鱼肉，水果的维生素 B$_5$ 含量相对较低。

维生素 B$_7$ 的食物来源与维生素 B$_5$ 基本相同，除了上述食物外，菌类蔬菜也含有较多的维生素 B$_7$。

小贴士

◇ 维生素 B$_5$ 和维生素 B$_7$ 对光敏感，因此含维生素 B$_5$ 和维生素 B$_7$ 的食物要避光储存。

◇ 维生素 B$_5$ 和维生素 B$_7$ 对热不敏感，因此在烹饪过程中的损失通常不多。

◇ 维生素 B$_5$ 和维生素 B$_7$ 在强碱和强酸条件下会遭到破坏。

● 维生素 B$_6$

维生素 B$_6$ 又称吡哆素，是一组含氮化合物，在糖异生、脂类代谢、核酸代谢和激素调节中发挥着重要作用，而以上都是人在减脂时体内所发生的生化过程，所以维生素 B$_6$ 是保证人体的生理功能正常运行所必不可少的营养素。人体缺乏维生素 B$_6$ 会阻碍血红蛋白的合成，从而提高患小细胞低色素性贫血的风险，还易使人在运动时感到倦怠无力，导致减脂能力下降。

此外，维生素 B$_6$ 还参与所有氨基酸的代谢过程。实现氨基酸的代谢需要 100 多种酶的参与，而维生素 B$_6$ 能转化为这 100 多种酶的辅酶。也就是说，若人体缺乏维生素 B$_6$，氨基酸的代谢进程将会受阻，从而导致肌肉随着体重的下降而大量流失。

缺乏维生素 B$_6$ 的原因

◇ 大量饮酒会使维生素 B$_6$ 的降解加快且排泄量增加。
◇ 节食导致人体对维生素 B$_6$ 的摄取量减少。
◇ 身体功能减弱或消化不良导致人体对维生素 B$_6$ 的吸收率下降。
◇ 过量的体力劳动导致人体对维生素 B$_6$ 的需求量增加。
◇ 不恰当的烹饪方式导致食物中的维生素 B$_6$ 大量流失。
◇ 避孕药会促进维生素 B$_6$ 的代谢，从而降低女性体内维生素 B$_6$ 的含量。

缺乏维生素 B$_6$ 的症状

◇ 早期症状为疲劳、失眠和嘴唇干裂等。
◇ 后期症状为小细胞低色素性贫血、抑郁甚至精神错乱等。
◇ 其他典型的症状为脂溢性皮炎、肌肉痉挛和脑电图异常等。

食物来源

许多动植物性食物都是维生素 B$_6$ 的食物来源，包括白色肉类（如鸡肉和鱼肉）、动物内脏（如动物肝脏）、蛋黄、豆类、坚果（如开心果）、全谷物（如小麦）、香蕉、土豆、牛油果和菠菜等。

小贴士

◇ 维生素 B$_6$ 在酸性条件下稳定，在中性条件和碱性条件下不稳定，对热和光敏感。
◇ 在烹饪含维生素 B$_6$ 的食物时，可加入适量的醋以提高其稳定性。

● 维生素 B$_9$

维生素 B$_9$ 又称叶酸，是人体细胞增殖、组织生长和身体发育所需的基础物质。维生素 B$_9$ 会参与脱氧核糖核酸（下文简称 DNA）、核糖核酸（下文简称 RNA）、红细胞、肾上腺素、胆碱和肌酸的合成过程，协助脂肪代谢和氨基酸之间的相互转化，并促进细胞的生长和修复，而以上都是与减脂密切相关的生化过程。节食会造成维生素 B$_9$ 摄取不足，从而阻碍人体内许多生化反应的进行，例如脂肪分解和肌肉合成，使人变成所谓的"瘦胖子"，无法获得健美的身材。

缺乏维生素 B$_9$ 的原因

◇长期节食不仅使人无法从饮食中摄取足够的维生素 B$_9$，又间接导致肠胃功能受损，使人体对维生素 B$_9$ 的吸收率降低。
◇肠胃功能较弱导致人体对维生素 B$_9$ 的吸收率较低。
◇缺乏维生素 B$_{12}$ 和维生素 C，经常饮酒，服用口服避孕药、抗惊厥药物或阿司匹林等药物都会干扰人体对维生素 B$_9$ 的吸收。

缺乏维生素 B$_9$ 的症状

◇巨幼红细胞性贫血。
◇面色苍白、头晕、乏力。
◇偶尔会极度困倦。
◇舌炎。
◇腹胀、腹泻。
◇手足麻木。
◇健忘。

食物来源

维生素 B$_9$ 的食物来源非常广泛，大多数动植物性食物中都含有维生素 B$_9$。动物肝脏、鸡蛋、大豆及其制品、深绿色叶菜、坚果和强化谷物食品都是维生素 B$_9$ 的主要食物来源。不过，奶制品、鱼类和精制米面的维生素 B$_9$ 含量很低。

小贴士

◇维生素 B$_9$ 对光和热敏感，在酸性条件下不稳定，处于超过 100 ℃的酸性液体中便会分解，但在碱性条件和中性条件下对热较稳定。因此，食物在烹饪过程中一定会损失部分维生素 B$_9$，损失率为 50% ~ 90%。
◇含维生素 B$_9$ 的食物应冷藏、避光储存。
◇不应过度清洗含维生素 B$_9$ 的食物。
◇在烹饪时，应减少含维生素 B$_9$ 的食物的加热时间。
◇不可油炸含维生素 B$_9$ 的食物。
◇推荐饮用菜叶汤。

⬤ 维生素 B₁₂

维生素 B₁₂ 又称钴胺素，会以甲基钴胺素的形式参与人体内各种重要的生化反应，如协助 DNA 的合成与代谢，维持神经系统功能的正常运行和保护大脑的健康。因此，在减脂时摄取足量的维生素 B₁₂ 对维持人的精神和情绪的稳定非常重要。

缺乏维生素 B₁₂ 的原因

◇ 严格素食。
◇ 在长期节食的过程中限制某类食物的食用。
◇ 肠胃疾病导致人体对维生素 B₁₂ 的吸收受阻。

缺乏维生素 B₁₂ 的症状

◇ DNA 合成障碍。
◇ 巨幼红细胞性贫血。
◇ 健忘、思维迟钝、抑郁和四肢震颤等神经系统症状（神经纤维外有一层由神经鞘包裹而成的保护层，而维生素 B₁₂ 是维持神经鞘健康的重要营养素，即能够滋养神经。当人体缺乏维生素 B₁₂ 时，神经系统的损伤通常由末梢神经逐渐向中枢神经发展，最后影响脊髓和大脑，从而使人出现以上症状）。

食物来源

维生素 B₁₂ 仅存在于动物性食物和经过发酵的植物性食物中，因此其食物来源相对较少。维生素 B₁₂ 的主要食物来源是动物肝脏、瘦肉和鸡蛋等，奶制品的维生素 B₁₂ 含量虽然相对较低，但由于它在日常中的食用量多，所以也可视作维生素 B₁₂ 的主要食物来源。未经发酵的植物性食物中基本不含有维生素 B₁₂，含有维生素 B₁₂ 的经过发酵的植物性食物有纳豆、天贝、醪糟和豆豉等，不过以上食物中的维生素 B₁₂ 的吸收率低于动物性食物中的维生素 B₁₂。

目前，能否仅依靠食用经过发酵的植物性食物来满足人体对维生素 B₁₂ 的需要还有待进一步研究。一般而言，蛋奶素食者只要食用足量的鸡蛋和奶制品，就能满足自身对维生素 B₁₂ 的需要。不过，严格素食者则需格外重视维生素 B₁₂ 的摄取，因为美国和加拿大的相关调查资料显示，成年人人均每日对维生素 B₁₂ 的摄取量为 3.5 ~ 7 μg，而严格素食者人均每日对维生素 B₁₂ 的摄取量仅为 0.25 ~ 0.5 μg。

小贴士

◇ 鸡蛋作为维生素 B₁₂ 的主要食物来源之一，最好避免在烹饪时接触氧气，例如可选择烹饪水煮蛋或水波蛋等。此外，低温煎蛋或炒蛋也是家庭常见的烹饪鸡蛋的方式。
◇ 在市售的蛋类食物中，咸蛋、糟蛋和冰蛋的营养价值相对较高，其中咸蛋存在的主要问题是钠含量较高，因此食用时应注意降低其他食物的咸度。
◇ 推荐购买无铅型的皮蛋，但皮蛋存在的主要问题是其所含的碱不仅对 B 族维生素和含硫氨基酸的破坏较大，还会使人体对镁和铁的吸收率下降。

● 维生素 C

维生素 C 又称抗坏血酸，参与人体内多种重要物质代谢的关键过程，如协助赖氨酸和脯氨酸进行羟基化，促进胶原蛋白、儿茶酚胺和肉碱（可将脂肪酸转移至线粒体而产生能量，以促进脂肪分解）的合成等。而且，维生素 C 还参与神经递质的合成过程，例如促使氨基酸合成 5- 羟色胺和去甲肾上腺素。同时，维生素 C 会促使胆固醇转化为胆汁酸，所以因胆固醇含量高而减脂的人应首先确保摄取足够的维生素 C。此外，人体内维生素 C 的含量还会影响人的运动表现。

食物来源

维生素 C 最主要的食物来源是新鲜的蔬菜和水果。在水果中，鲜枣、猕猴桃、山楂和草莓的维生素 C 含量较高，而常见的苹果、梨、桃和西瓜的维生素 C 含量相对较低。

缺乏维生素 C 的原因

◇ 吸烟、拔牙、皮肤或骨骼受伤、处于术后恢复期或运动量大会使人体对维生素 C 的需求量增加。
◇ 不食用或较少食用新鲜的蔬菜或水果。

缺乏维生素 C 的症状

◇ 早期症状为疲劳、乏力、皮肤出现瘀点或瘀斑、肌肉或关节疼痛。
◇ 坏血病从发病到确诊一般历时 4～7 个月，主要原因是缺乏维生素 C 导致胶原蛋白合成受阻和毛细血管出血，主要症状是出血（身体的任何部位）、牙龈炎和骨质疏松，晚期有因发热、水肿或麻痹而死亡的风险。

小贴士

◇ 维生素 C 易溶于水，在酸性条件下较稳定，遇氧、光、热、碱性物质、铜离子和铁离子时会被氧化破坏。
◇ 蔬菜应冷藏、避光储存，待食用时再进行加工和烹饪。
◇ 在烹饪时应避免过度加热含维生素 C 的食物。
◇ 不要使用铁锅或铜锅（除有珐琅层的铸铁锅和有不锈钢层的铜锅）烹饪蔬菜、水果和酸性食物。
◇ 在制作凉拌菜时，应备好菜后马上拌入醋或柠檬汁。
◇ 用旺火（100 ℃以上）快速炒制含维生素 C 的食物能使其中的氧化酶灭活，以减少食物中维生素 C 的损失。
◇ 黄瓜和白菜中含有较多能氧化维生素 C 的氧化酶，而切菜过程会使其中的氧化酶与空气接触后加速对维生素 C 的氧化，因此尽量不要预先切菜。

⬤ 维生素D

维生素 D 又称抗佝偻病维生素，是一种脂溶性维生素，对维持骨骼健康且形态正常和肌肉神经功能正常运行有着重要作用。

众所周知，健康美不仅体现为外在体形的瘦，还体现为内在骨骼和肌肉的健康，从这个意义上来说，维生素 D 对实现健康减脂和保持健美的身材的作用不可替代。

食物来源

内源性维生素 D 可在人体接触阳光后自行合成，外源性维生素 D 的来源则是食物。含维生素 D 的食物较少，主要是鱼油和鱼肝油，因此多食用海鱼有助于补充维生素 D。动物肝脏、蛋黄、奶酪、奶油和黄油的维生素 D 含量也相对较高，不过这些食物虽然能维持骨骼健康，但很多人认为它们会导致发胖，从而避之不及。谷物、蔬菜和水果中几乎不含维生素 D；菌类蔬菜虽含有少量维生素 D，但不是维生素 D 的主要食物来源。

缺乏维生素 D 的原因

◇ 长期在室内工作而较少接触阳光。
◇ 处于空气污染较严重的地区、多阴雨雾霾的地区、冬季较长的地区或中高纬度的内陆地区。
◇ 严格素食，甚至连蛋类和奶制品也不食用。
◇ 经常涂抹防晒指数 8 以上的防晒霜、打遮阳伞或穿防晒服。
◇ 肤色较深。
◇ 年老导致皮肤合成维生素 D 和体内代谢后生成活性维生素 D 的速率下降，维生素 D 的靶组织的反应能力降低。

缺乏维生素 D 的症状

◇ 易怒、多汗和夜惊等神经系统症状。
◇ 成人的症状为骨关节疼痛、肌无力、骨质疏松、运动时的有氧代谢降低和运动后的肌肉修复速度减慢等。

小贴士

◇ 维生素 D 对光敏感，对热不敏感，在碱性条件下较稳定，但在酸性条件下不稳定，因此含维生素 D 的食物应避光、密封储存。

● 维生素E

维生素E又称生育酚，具有抗氧化的特性，对预防心血管疾病、肿瘤、神经系统疾病和慢性炎症等具有重要作用。在减脂方面，维生素E最大的作用是能减少人体内的氧化应激，从而降低炎症发生的概率。人体内氧化应激的减少有助于胰岛素、血糖、胆固醇和皮质醇的水平维持在健康的范围内，而这些都是决定人能否实现健康减脂的重要因素。此外，维生素E、维生素C和β-胡萝卜素能共同防止运动所导致的细胞的氧化损伤。

食物来源

维生素E含量较高的食物有坚果、种子、小麦胚芽以及用它们榨取的食用油；黄玉米、大豆及其制品（如豆浆、豆腐皮和腐竹）、燕麦、大麦、小麦、黄米、三文鱼、虾类、黄油、牛油果和鸡蛋是维生素E的次要食物来源；水果和蔬菜的维生素E含量很低。

牛奶的维生素E含量会受季节变化和奶牛所食的饲料种类的影响，例如食用新鲜牧草（即草饲）的奶牛产出的牛奶的维生素E含量相对较高。

缺乏维生素E的原因

人类缺乏维生素E的概率很小，尤其是成年人，因为成年人即使出现维生素E吸收不良的情况，体内储存的维生素E也可维持数年的供应，加之成年人的神经系统已经成熟，对缺乏维生素E的耐受性较高，所以成年人缺乏维生素E一般在5～10年后才会出现神经方面的问题。不过，以下原因会导致人体缺乏维生素E。
◇饮酒、服用阿司匹林或口服类固醇避孕药使人体对维生素E的需求量增加。

缺乏维生素E的症状

◇肌无力、无法控制肌肉动作。
◇视力障碍。
◇平衡能力和协调能力下降。
◇口齿不清。

小贴士

◇维生素E在酸性条件下较稳定，在碱性条件、热、光、干燥、研磨、精炼以及铜离子和铁离子存在时不稳定。
◇坚果和食用油应避光、密封且冷藏储存。
◇避免使用爆炒、煎和炸等严重破坏食物中的维生素E的烹饪方式。
◇可在蔬菜烹饪完成后再将液体油（如橄榄油和香油）拌入菜中（快炒除外）。

维生素K

维生素K又称凝血维生素，是一组脂溶性维生素，由叶绿醌和甲萘醌等多个萘醌类物质组成，主要作用是抗出血，并与维生素D和钙共同维持骨骼健康。此外，维生素K还参与葡萄糖的代谢过程，可提高胰岛素的敏感性，使血糖水平维持在正常范围内，因此对实现健康减脂非常重要，但目前并未受到足够的重视。

食物来源

维生素K含量较高的食物是绿叶菜，如菠菜、白花甘蓝、芥菜、雪里蕻、小白菜、羽衣甘蓝、抱子甘蓝和秋葵等。一般而言，蔬菜叶的颜色越深，其维生素K含量就越高。此外，大豆油、黄油、纳豆、动物肝脏和蛋黄的维生素K含量也相对较高。

缺乏维生素K的原因

维生素K广泛存在于动植物性食物中，加之人体不仅对其需求量较少，还可以自行合成，所以人类不易缺乏维生素K。不过，以下原因会导致人体缺乏维生素K。

◇处于婴儿（0~3月龄）时期。
◇节食。
◇不食用绿叶菜。
◇患肾脏疾病或骨质疏松。
◇曾接受过外科手术或经常受外伤。
◇服用抗惊厥药、抗凝血药、头孢菌素类抗生素、水杨酸盐、大剂量的维生素A或维生素E补剂。
◇维生素K代谢紊乱。
◇患有胃肠道功能紊乱、胰腺外分泌功能不全和胆汁淤积等。

缺乏维生素K的症状

◇口腔或鼻腔出血、皮下出血（尤其是腿部、腹股沟和脖颈）、指甲下或结膜下出血、便血（黑粪）、尿血和呕血等出血和凝血功能障碍。

小贴士

◇维生素K易被紫外线、氧化剂、酸和碱破坏，但对热不敏感，且不溶于水。
◇在烹饪绿叶菜时，应将其快速焯水或快炒。

● 胆碱

胆碱是一种类维生素，是细胞膜中的卵磷脂（主要存在于脑、精液和肾上腺中）和神经鞘磷脂的组成成分，也是神经递质——乙酰胆碱的前体，同时还作为一种甲基供体参与肌酸的合成，可促进脂肪代谢，协助细胞膜传递信号，调控细胞的凋亡，并降低血清胆固醇水平。其中，脂肪代谢、肌酸合成、情绪调节和肌肉控制都会影响人的运动表现和基础代谢率，因此胆碱对实现健康减脂非常重要。

食物来源

富含胆碱的食物种类较多，其中动物肝脏、坚果、小麦胚芽、豆制品、莴笋和花椰菜的胆碱含量较高。以日常饮食为例，早餐若食用 100 g 全麦面包、1 枚鸡蛋、200 g 全脂牛奶和 33 g 葵花子酱，则一共可摄取 182 mg 胆碱；午餐若食用 50 g 豆腐皮、50 g 小米和 50 g 猪肝，则一共可摄取 343 mg 胆碱，因此两餐总共可摄取 525 mg 胆碱，此摄取量已达到成年人一天的胆碱需求量。

缺乏胆碱的原因

在人体内，丝氨酸和蛋氨酸可在维生素 B_9 和维生素 B_{12} 的帮助下合成胆碱，所以人体缺乏胆碱的情况较为少见。不过，以下原因会导致人体缺乏胆碱。

◇ 维生素 B_9、维生素 B_{12}、蛋氨酸和丝氨酸的摄取量不足。
◇ 处于生长发育阶段。
◇ 能量摄取不足。
◇ 消化能力较弱。

缺乏胆碱的症状

◇ 记忆力降低。
◇ 生长发育迟缓。
◇ 不孕、不育。
◇ 骨质异常。
◇ 造血功能障碍。
◇ 高血压。
◇ 肝、肾或胰腺病变。

小贴士

◇ 胆碱在热和干燥条件下较稳定，在强碱条件下不稳定。
◇ 在烹饪含胆碱的食物时，应尽量少放碱。

⬤ 钙

钙是人体内含量最高的常量元素，对于维持人体各项生理功能的正常运行发挥着重要作用，如调节肌肉和神经的兴奋性，控制肌肉的收缩，调节多种激素和神经递质的释放，调节细胞内正常的生理活动以及调节脂肪肪酶和 ATP 酶的活性等。具体而言，提高葡萄糖的代谢、增强运动能力、维持骨骼健康和稳定食欲等方面都对实现健康减脂极其重要，而它们离不开钙的参与。此外，摄取足量的钙还有助于控制体重和降低体脂。

食物来源

牛奶、酸奶和奶酪等奶制品是钙的最佳食物来源，因为它们不仅钙含量高（每 100 g 食物含约 104 mg 钙），人体对其中的钙的吸收率也高（约为 40%），还无须在日常中严格限制它们的食用量。此外，钙的食物来源还有大豆及其制品（如豆干、豆腐和豆浆）、其他豆类、绿叶菜（如小白菜、苋菜、萝卜叶和圆白菜）、海带、紫菜、虾皮和坚果（如花生和榛子）等。

在选择钙的食物来源时，不仅要考虑该食物的钙含量，还要考虑人体对该食物中的钙的吸收率的高低，以及该食物是否适合在日常生活中大量食用。

缺乏钙的原因

◇ 从饮食中摄取的钙过少。例如，有些人被某些流行的减脂观念影响后，认为奶制品不够健康，从而将其剔除出餐单。
◇ 忽视某些影响人体对钙的吸收的饮食因素，如食用含植酸和草酸的食物。
◇ 年龄的增长会影响人体对钙的代谢，导致自身对钙的吸收率下降。

缺乏钙的症状

◇ 儿童的症状为出牙时间延后、牙齿排列不整齐、驼背、膝外翻或膝内翻和头发稀疏等。
◇ 青少年的症状为生长痛、腿软、肌肉痉挛、运动能力不佳、易患牙周病、乏力、倦怠、腰酸背痛和运动时感受不到肌肉收缩等。
◇ 青年人的症状为牙齿松动、龋齿增加和骨质疏松等。
◇ 老年人的症状为骨质疏松、牙齿松动、腰椎或颈椎疼、脚后跟疼、多梦、失眠和易怒等。

小贴士

◇ 在食用谷物时，可通过浸泡、发酵或发芽等方式降低其植酸含量。
◇ 含草酸较多（有涩味）的蔬菜，如菠菜、芹菜、竹笋和茭白等，在烹饪前需焯水。

⬤ 钾

钾是人体必需的常量元素之一，存在于全身的体液中。细胞内液中的钾离子可与细胞外液中的钠离子共同激活肌纤维进行收缩，并促使突触释放神经递质，以保证人在运动时肌肉能正常收缩。较高的运动质量是实现健康减脂不可或缺的一部分，但很多节食的人在运动时感受不到肌肉收缩且运动质量低，这就与缺乏钾等营养素有一定的关系。

缺乏钾的原因

◇ 节食或禁食。
◇ 服用泻药或会导致轻度腹泻的减肥药。
◇ 频繁催吐。
◇ 进行肠胃引流。
◇ 患肾脏疾病。
◇ 从事处于高温环境或出汗量大的高强度体力劳动。

缺乏钾的症状

◇ 由下肢逐渐发展到上肢的肌无力和肌肉压痛且麻木。
◇ 呼吸困难。
◇ 厌食。
◇ 恶心、呕吐。
◇ 胃肠胀气。
◇ 胃酸分泌减少。
◇ 肠梗阻。
◇ 肠麻痹。
◇ 心律失常。
◇ 多尿、夜尿和口渴多饮等肾功能障碍。

食物来源

许多动植物性食物中都含有钾。钾含量较高的是薯类（如土豆、山药、红薯和芋头）、豆类（如赤小豆、绿豆、毛豆和小扁豆）、蔬菜（如香菇、韭菜、油菜和芹菜）、水果（如鲜枣和杏）和瘦肉（如鱼肉、虾肉、羊瘦肉、猪瘦肉和牛瘦肉）。此外，花生、黑木耳、小米、玉米和猪肝也是钾含量相对较高的食物。

钾的单位含量较高的食物（每100 g食物含800 mg以上的钾）有紫菜、黄豆、香菇和赤小豆，不过以上食物难以单次大量食用，所以在平时可搭配主食同食。此外，每日食用300 g水果也可以满足人体对钾的需要；在食用钠含量高的食物时，不妨搭配高钾低钠的食物同食。

小贴士

◇ 家庭中所使用的烹饪方式大多不易导致食物中的钾流失。
◇ 若将高钾食物搭配高钠食物同食，则不应在高钾食物中添加过多的咸味调味品。

⚫ 镁

镁是人体必需的常量元素之一，与体内的能量代谢密切相关，不仅对糖酵解和胰岛素水平具有调节作用，参与脂肪酸氧化、蛋白质合成和核酸代谢，影响线粒体功能的运行，还参与糖异生，而这些都与减脂密不可分。此外，镁对维持骨骼健康具有非常重要的作用，而且会影响神经肌肉的兴奋性。

通常，人在进行以糖酵解为主导的无氧代谢的高强度运动后，对镁的需求量会增加。

食物来源

含镁的食物较多，不过不同种类的食物的镁含量差别较大。在常见的食物中，镁含量较高的是深绿色叶菜、全谷物、豆类和坚果，其中适合大量食用的是全谷物和深绿色叶菜。肉类和奶制品的镁含量较低，精制米面的镁含量则更低。

缺乏镁的原因

◇严格节食或拒食某类食物。其一，谷物、豆类和坚果是镁最主要的食物来源，拒食以上食物将难以摄取足量的镁；其二，节食可能导致代谢性酸中毒，从而使肾脏对镁的排泄量增加；其三，有些营养素有助于人体对镁的吸收，如乳糖和蛋白质，因此人体对这些营养素的摄取不足易导致镁的缺乏。

◇摄取过多的草酸、磷、植酸和膳食纤维会阻碍人体对镁的吸收。

◇患有吸收障碍。例如，节食导致的肠胃功能减弱、胃炎、肠炎、胆汁缺乏和肠瘘，或进行过肠切除。

◇体内的镁流失过多。例如，腹泻、呕吐、服用利尿剂、酮症酸中毒、酗酒、患肾脏疾病或进行剧烈运动。

缺乏镁的症状

◇肌肉痉挛。
◇高血压。
◇冠状血管和脑血管痉挛。
◇心神不宁。
◇血压升高。
◇激动过度。
◇手足抽搐、厥冷、麻木。
◇共济失调。
◇幻听、幻视。
◇严重可导致精神错乱、语无伦次、昏迷。

小贴士

◇精加工后的谷物会损失大量的镁，因此不应过度加工谷物，例如若无特殊需要，则无须将磨粉后的谷物过筛。

钠

钠是人体必需的常量元素之一，主要作用是维持人体体液和酸碱平衡，维持血压正常和心血管功能的正常运行，提高神经肌肉的兴奋性，并协助肌肉细胞生成和利用 ATP。因此，钠是维持人体功能正常运行的物质基础，对于实现健康减脂具有重要作用。注意，无论是流行的减脂饮食法，还是单纯的节食法，短期内能让人明显减重的原因有二：一是进食量的减少，二是控制盐的食用量后会导致体内丢失大量的钠，从而使细胞外液的容量减少。因此，在节食后恢复正常饮食的人一旦食用调味重的食物，就会导致全身水肿和皮肤发疼，不过这属于正常现象，不一定是体重反弹的前兆，无须焦虑。

缺乏钠的原因

人即使从饮食中摄取的钠很少，也不易出现缺乏钠的症状，因为肾上腺球状带分泌的盐皮质激素——醛固酮会维持人体内的钠的含量。不过，以下原因会导致人体缺乏钠。

◇患慢性腹泻。
◇服用利尿剂或泻药。
◇持续大量出汗。
◇在高温下从事高强度的体力劳动。
◇反复呕吐（催吐）。
◇节食或禁食。
◇严格控制盐和其他咸味调味品的食用量。

缺乏钠的症状

◇轻度症状为疲倦、淡漠、无神和站起时晕眩等。
◇中度症状为头疼、恶心、呕吐、口齿不清、血压降低和肌肉痉挛等。
◇重度症状为心率加快、视力下降、昏迷和外周循环衰竭，严重会休克甚至因急性肾功能衰竭而死亡。

食物来源

含钠的食物种类非常丰富。天然食物的钠含量普遍不高，相较而言，其中动物性食物的钠含量略高于植物性食物，蔬菜和水果的钠含量则更低。此外，藻类含有较多的盐，可在烹饪时用于提鲜。

在日常中，钠的主要食物来源是盐和市售的加工食品，如咸菜、熟肉制品（如香肠）、挂面、零食和调味品（如酱油）。

小贴士

◇尽量购买低钠型调味品。
◇学习用自带咸鲜口味的蘑菇、裙带菜、虾皮和鱼干等天然食物搭配其他食物进行烹饪，以减少盐的用量。

铁

铁是人体内含量最高的微量元素。肌红蛋白中的铁存在于肌肉组织中，负责储存和转运氧，并在肌肉收缩时释放氧以提供能量。因此，缺铁性贫血者在肌肉收缩时将无法释放足量的氧进行生物氧化，这会导致人在运动时供能不足，降低人体的最大摄氧量和有氧耐力，造成疲劳和头晕，从而使人的运动能力下降，以致让人感到力不从心。这会对人的身心造成打击，使人只能通过更加严格的节食来维持当前的体重，从而形成恶性循环。

食物来源

牛瘦肉、羊瘦肉、猪瘦肉、动物肝脏、动物肾脏、动物心脏、胗和鱼肉都是上佳的补铁食物，且肉类的红色越深，其所含的血红素铁越多。

豆类、蛋黄、全谷物、深绿色叶菜、坚果和水果干也是铁的食物来源，但以上食物中的铁主要以非血红素铁的形式存在，必须被还原成二价铁后才能被人体吸收。

总体而言，相较于植物性食物，人体更容易吸收动物性食物中的铁。

缺乏铁的原因

◇ 长期限制性饮食或节食。例如，为了保持体重而几乎不食用肉类，尤其是富含血红素铁的红肉。
◇ 某些食物搭配不当会阻碍人体对食物中铁的吸收。
◇ 缺铁性贫血、妊娠、哺乳和生长发育会增加人体对铁的需求量。
◇ 月经过多、钩虫感染、痢疾和血吸虫病会增加人体内铁的流失。
◇ 萎缩性胃炎、胃酸过少、服用抗酸药、慢性腹泻和食物通过肠道的时间过短等会降低人体对铁的吸收率。
◇ 儿童、孕妇、母乳者、素食者和运动量大且饮食节制的女性对铁的需求量会增加。

缺乏铁的症状

◇ 运动方面的症状为血乳酸水平提高，最大摄氧量、有氧耐力和运动能力下降，肌肉疲劳感增加。
◇ 缺铁性贫血的症状为面色苍白、黏膜（如口腔黏膜）颜色苍白、精力减退、心悸、头晕、指甲薄且脆、淡漠、月经不调和思维能力下降等。
◇ 青少年患缺铁性贫血的症状为易烦躁、对周围事物的兴趣降低、生长发育迟缓、体力下降、注意力难以集中、记忆能力和学习能力降低等。

小贴士

◇ 草酸含量高的蔬菜应焯水后再进行烹饪。
◇ 豆类和谷物的植酸含量高，应浸泡后（发芽后更佳）再进行烹饪。

⬤ 锌

锌是人体必需的微量元素之一，在人体内的含量仅次于铁，分布于人体所有的器官、组织、体液和分泌物中，既是生物膜的组成成分，也是稳定 DNA 和 RNA 的必需物质。

人体缺乏锌会导致生长发育不良，肌肉合成受阻，身体功能受损，运动表现、肌肉力量和耐力下降，而这些都对减脂非常不利。

食物来源

许多食物中都含有锌，不过不同食物中锌的含量和吸收率差别很大。贝类、红肉和动物内脏是上佳的补锌食物，虾类、松子、花生（或花生酱）、奶酪和燕麦也是锌的重要食物来源。

一般而言，植物性食物的锌含量较低，而精加工过程更会导致其中锌的大量丢失，如锌在面粉的精加工过程中的损失率高达 80%。但需注意，不必因此而过分排斥精制米面，因为它们并非是锌的主要食物来源，而且即便是粗粮，其中也含有抑制人体对锌的吸收的成分。人体对单一锌盐中的锌的平均吸收率为 65%，对混合食物中的锌的吸收率则很低——中国城市居民对膳食中的锌的吸收率约为 30%，农村居民对膳食中的锌的吸收率仅约为 15%。

缺乏锌的原因

虽然人体能自我调节自身的锌的含量，但锌在人体内的储存量较少，人体若从饮食中摄取的锌过少，会很快出现缺乏锌的症状。
◇ 摄取过多会降低人体对锌的吸收率的物质。例如，大豆、小麦、玉米粉、咖啡、茶和豆类中的植酸盐、草酸盐和单宁，以及铁和钙。
◇ 饮食结构不合理——主食仅由粗粮组成，且都是非发酵、未发芽的植酸含量高的粗粮；以植酸含量高的大豆作为蛋白质的主要食物来源；几乎不食用红肉等锌含量高的食物。

缺乏锌的症状

◇生长发育迟缓。
◇伤口不愈合。
◇味觉障碍。
◇肠胃不适。
◇免疫力下降（表现为易生病）。
◇身材干瘦。
◇面色蜡黄、憔悴。

小贴士

◇不可对含锌的动物性食物进行油炸和过度加工。
◇可采用浸泡、发芽或发酵的方式提高谷物中锌的吸收率。

维生素和矿物质的优质食物来源

微量营养素最重要的摄取原则是:"谷薯豆,肉蛋奶,蔬菜水果加坚果一小把,晒太阳,补足水。"只要记住每天食用以上9类食物,就可以摄取足量的维生素和矿物质。注意,如果一天中仅食用多种同类食物,如食用4~5种水果却没有食用"谷薯豆",仍属于所食的食物种类不足,未做到饮食多样化。

● 谷物

谷物中含有5种B族维生素和维生素E。谷物的维生素和矿物质含量不高,且二者都主要集中在谷物的谷胚、谷皮和糊粉层中,因此谷物的加工程度越高,维生素和矿物质的损失就越严重。但是,不必因此而完全拒食精加工谷物,因为精加工谷物最重要的作用是为人体提供碳水化合物,其次才是为人体补充维生素和矿物质。

谷物中虽然不含维生素A,但含有少量 β-胡萝卜素。β-胡萝卜素能在人体内转化为维生素A。通常,黄玉米等黄色的谷物中含有较多的 β-胡萝卜素。因此,将大米与少量黄玉米同食或直接食用黄玉米面包都能为身体补充维生素A。

谷物的胚芽是维生素E的"小宝库",而维生素E对健身人群和减脂人群极其重要。在各种谷物中,小麦胚芽和玉米胚芽的维生素E含量位居前二。其中,小麦胚芽中的维生素E的主要成分是 α 异构体,

这种维生素E对人体具有极高的营养价值,且无法通过化学合成。有大量医学研究结果显示,人体从饮食中摄取的多不饱和脂肪酸(如 ω-3 脂肪酸和 ω-6 脂肪酸)必须有维生素E的配合才能发挥作用,而小麦胚芽中恰好既含有丰富的维生素E,又含有多不饱和脂肪酸。

薯类

薯类包括土豆、红薯、山药和芋头等,含有较多的B族维生素和矿物质。

例如,土豆中含有维生素A、维生素 B_1、维生素 B_2、维生素 B_3、维生素 B_6、维生素C和胡萝卜素,其维生素含量可媲美叶菜类蔬菜;同时,土豆也是高钾食物,而钾有助于维持人体内的电解质平衡,神经冲动的传导和肌肉的收缩也都离不开钾和钠等离子的协同作用。

再例如,红薯比谷物含有更多的钙、磷、铁、胡萝卜素、维生素A、维生素 B_1、维生素 B_2、维生素 B_3 和维生素C,尤其是

胡萝卜素（红薯肉的颜色越红、越深，胡萝卜素的含量越高）和维生素 C 的含量远高于谷物。

● 豆类

豆类的微量营养素含量通常较高。在维生素方面，豆类含有多种 B 族维生素，其中维生素 B_1 和维生素 B_2 的含量高于谷物，绿豆芽和黄豆芽等发芽后的豆类，则富含维生素 C；在矿物质方面，豆类的钙、磷、铁、锌和钾的含量较高。此外，小扁豆等还含有维生素 A、维生素 E 和维生素 K。大豆最显著的特点是富含维生素 E，但其他维生素的含量不高；同时，大豆虽然含有较多的钙、磷、钾、镁和铁，但是也含有阻碍人体对钙和镁的吸收的抗营养因子——植酸。

● 肉类

肉类不仅是蛋白质的重要食物来源，还含有多种维生素和矿物质。在维生素方面，肉类富含维生素 B_1、维生素 B_2、维生素 B_3、维生素 B_5、维生素 B_6、维生素 B_7、维生素 B_9 和维生素 B_{12} 等，其特点是水溶性维生素的含量较高，而脂溶性维生素和维生素 C 的含量较低；在矿物质方面，肉类能为人体提供钙、磷、铁、锌、铜、锰和硒等矿物质。此外，常被减脂人群忽略的动物内脏也是维生素 A、B 族维生素、维生素 D 和铁的重要食物来源之一。

● 蔬菜

中国居民日常食用的蔬菜基本可提供人体所需的绝大部分维生素 A 和维生素 C。蔬菜中除了缺乏维生素 D 和维生素 B_{12}（菌类蔬菜中含有维生素 B_{12}）外，含有其他所有维生素。深绿色叶菜的 B 族维生素、维生素 C、胡萝卜素、钙、磷和铁的含量尤其高，是最适合在运动后食用的高营养价值的蔬菜，有助于提高身体的恢复速度，并缓解疲劳。深绿色叶菜的颜色越深，所含的维生素 B_9、维生素 K、镁和铁越多，营养价值也就越高，越有助于为人体补血。

因此，蔬菜的营养素含量与其颜色有正相关性，即蔬菜的颜色越深，其营养价值越高。也就是说，白色蔬菜的营养价值相对偏低，因此更适合作为配菜来提高主食的口感和味道，无须每日食用。注意，这并不意味着白色蔬菜没有营养，从而可以拒绝食用。白色蔬菜同样有营养，只是营养价值相对低于深绿色蔬菜和橙黄色蔬菜。而且，相较于紫黑色蔬菜，白色蔬菜对肠胃功能弱的人更加友好。

● 水果

提到补充维生素的途径，很多人首先想到的就是食用水果。其实，水果的维生素密度要小于深绿色叶菜。水果虽然含有大部分维生素，但除香蕉外，其他水果的 B 族维生素含量都很低，并不能作为 B 族维生素的主要食物来源。B 族维生素大量存在于肉类、蛋类、奶制品、动物肝脏、谷物和绿叶菜中，在能量代谢和造血方面对人体具有重要意义。因此，如果长期以水果代替主食，易导致人体缺乏 B 族维生素。注意，虽然食用水果无法补充多种维生素，但这并不意味着水果不能为人体补充维生素或水果没有营养价值，而是只食用水果无法满足人体对维生素和矿物质的需要。

在水果含有的所有维生素中，维生素 C 和胡萝卜素的含量相对较高。水果的特点是无须烹饪即可直接食用，能避免维生素（尤其是不稳定的维生素 C）在烹饪过程中产生损失，因此食用水果格外有助于补充维生素 C。同时，水果中的有机酸还能促进肠胃消化，且维生素 C 和有机酸都有助于人体对多种矿物质（如铁）的吸收。

在矿物质方面，水果的特点是钾含量相对较高，而钠含量相对较低。镁、铁和钙仅在部分水果中的含量较高，但这些水果无法作为镁、铁和钙的主要食物来源。

● 坚果

在日常生活中，坚果不仅是脂肪的食物来源，也是维生素和矿物质的食物来源。坚果既富含维生素 E、维生素 B_1、维生素 B_2、维生素 B_3 和维生素 B_9 等维生素，如葵花子，又富含钾、镁、锌、铜、钙和磷等矿物质，如南瓜子，而杏仁的维生素 B_2 和钙的含量都比较突出。以上都是精制米面较为缺乏的营养素，所以坚果（或坚果酱）可搭配面包、面条或米饭同食。此外，有些坚果中还含有较多维生素 C 和少量胡萝卜素，比较适合素食者食用。

注意，坚果分为油脂类坚果和淀粉类坚果。其中，栗子和白果等属于淀粉类坚果，例如栗子的淀粉含量约占 70%。相较于油脂类坚果，淀粉类坚果的维生素和矿物质含量更低，但是仍比精制米面含有更多的维生素 E、水溶性维生素、矿物质和膳食纤维。淀粉类坚果可替换主食中的部分谷物，因此栗子饭、栗子面包和白果粥都可作为主食食用。

维生素和矿物质的
摄取量
需要严格计算吗？

虽然每种维生素和矿物质的推荐摄取量都已有准确数据，但相关数据更多是用于学习和研究，实操性普遍较弱。这是因为，把个人饮食中每种食物的多项维生素和矿物质的含量都逐一进行计算，以求摄取推荐量的维生素和矿物质，既过于复杂，又不切实际。而且，由于食物的品种、生长季节、采摘方式、运输方式、保存方式、加工方式和烹饪方式以及个人的消化能力等都存在差异，所以在现实中不可能像做实验一样精准计算出人体在实际饮食中对所有微量营养素的摄取量。因此，除了病人应遵从医嘱来额外注意某些微量营养素的摄取外，身体健康的人保持正常的健康饮食即可。

一般而言，造成人体缺乏维生素的主要原因分为内外两个方面。外因有二，一是食物的成熟程度会影响其维生素含量，二是食物在收获（宰杀）、运输、保存和烹饪的全部过程中接触的水、高温、氧气和紫外线等会对其中的维生素造成破坏。

内因也有二，一是人体对食物中的维生素的吸收率降低，即虽然食用了足量的食物，但是无法吸收足量的维生素，其影响因素有以下几点。

第一，因节食而患上某些肠胃疾病，以致人体无法正常分泌胆汁，从而使脂溶性维生素的吸收受阻，间接造成人体对维生素的吸收率降低。

第二，催吐或服用泻药等行为会损伤肠胃，例如造成慢性腹泻，从而导致人体对维生素的吸收率降低。

第三，经常食用膳食纤维含量过高的食物，阻碍了人体对维生素的吸收。

二是人体处于对维生素的需求量较多的特殊时期，例如生长发育期、妊娠期、哺乳期、疾病（如饮食失调或停经）的急性期和恢复期、在特殊天气从事重体力劳动时、正在服用某些妨碍人体吸收维生素的药物（如避孕药和青霉胺）时或酗酒时。人若处于此类特殊时期，可能因不知道需要增加维生素的摄取量或因担心食用更多食物会增加能量的摄取量，从而未增加进食量，最终导致维生素的摄取量无法满足人体所需。

不过，以下人群尤其需要注意维生素和矿物质的摄取。

进行规律运动且运动强度较大的人

此类人对维生素和矿物质的消耗量较多，因此需注意所摄取的维生素和矿物质是否种类齐全且足量，尤其是在减脂期，因为此时他们一般会减少能量的摄取，所以需摄取比平时更多的维生素和矿物质。

通过节食来减脂的人

很多人在减脂时会减少进食量，但这也会导致维生素和矿物质的摄取量减少，即在减少能量摄取的同时也减少了营养素的摄取，从而使身体无法维持各项生理功能的正常运行，出现脱发、失眠、乏力、情绪化和月经不调等症状。如此一来，人不仅没有健康地瘦下来，身体反而受到了伤害。因此，此类人应该食用能量低且营养价值高的食物，既不要拒食全脂牛奶、奶酪和花生酱等营养丰富的食物，也不要只食用魔芋和黄瓜等体积大、能量低且营养价值低的食物。

碳水化合物的摄取量长期过少的人

此类人一般长期执行低碳饮食法或生酮饮食法，但这些饮食法会造成人体内的某种矿物质含量过高或过低，从而使人出现一些电解质紊乱的症状，如肌肉痉挛、烦躁、恶心、四肢酸软、乏力、眩晕或昏厥。

突然大量地减少碳水化合物的摄取量的人

人体内钾、钠和镁的代谢对胰岛素水平的变化非常敏感，它们一般会随着胰岛素水平的大幅度变化而在一周内随之发生大幅度的变化，从而对人体产生影响。人在突然大量地减少碳水化合物的摄取量后（如健身比赛前通常要求选手执行完全无盐的饮食法），体重会快速下降，此时大量的钠会随着水分被排出体外，使人体处于脱水状态，人会出现倦怠、冷漠、无神和易怒的症状。当失水量为体重的2%时，人会轻度脱水，出现口渴、尿少和尿钾提高的情况。如果人在高温天气故意用保鲜膜裹住身体，试图通过增加排汗量以"燃烧"脂肪，或在运动时大量出汗，都可能导致轻度脱水。

盐的食用量长期低于正常范围的人

无特殊需要的人没有必要完全拒食盐，因为盐的食用量长期低于正常范围会提高健康风险。《柳叶刀》曾发表过的一项研究结果显示，相比于盐的食用量处于正常范围的饮食，低盐饮食会提高人患脑卒中、心脏病和死亡的风险。注意，这并不意味着要采取高盐饮食，而是应食用适量的盐。

小结

总而言之，在减脂时只要不节食、不禁食、不严格限制某种食物的食用或某种营养素的摄取、不催吐、不服用泻药、不故意闷汗、不长时间从事重体力劳动和不伤害肠胃，即不扰乱身体各项生理功能的正常运行，人体通常不会出现缺乏维生素和矿物质的情况。

相较于逐一计算饮食中每种食物的多种维生素和矿物质的含量，更实际的方法是均衡饮食，多晒太阳。运动强度不大、身体健康且消化功能正常的人记得每天自查个人饮食是否符合"谷薯豆，肉蛋奶，蔬菜水果加坚果一小把，晒太阳，补足水"的微量营养素的摄取原则。

注意，从日常饮食中摄取的维生素和矿物质的量很难超过安全范围，除非人暴饮暴食或过量食用营养补剂。

其原因有二，一是日常食物的维生素和矿物质含量大多处于正常范围，二是人体自有一套严密的系统时刻监测和调控着体内的微量营养素含量。例如，当铁和钙的摄取量过多时，人体就会降低对二者的吸收率；再例如，人体内的维生素D、降钙素和甲状旁腺激素会时刻对血钙水平进行监测和调控，人体如果长期未从饮食中摄取所需的钙（如既不食用牛奶、奶酪和酸奶等补钙的最佳食物，也不食用花生酱、芝麻酱、坚果、豆制品和深绿色叶菜等补钙的次要食物），就会提取骨骼中的钙来维持血钙水平，以维持人体内环境的稳定，如保证肌肉的收缩和舒张，保证凝血功能、神经传导和激素分泌的正常进行和保持酶的活性等。因此，在节食时若不食用奶酪、坚果或其他富含营养的食物，而只靠食用黄瓜果腹，就无法在运动时维持大脑、神经和肌肉之间的联系，从而使运动表现和运动效果降低，干耗体能，徒增疲惫，使人只能进一步减少进食量以保持现有体重，进而形成恶性循环。

延伸阅读⑪

有必要食用
营养补剂吗?

在最初尝试减脂时,我很注意饮食的多样化,也知道不能节食,因此我的维生素和矿物质摄取量大致处于正常范围。然而,后来我却逐渐步入歧路,对主食的种类和食用量限制得愈加严格,直到不再食用主食、奶制品、坚果和水果。与此同时,我对各种营养补剂的食用量却逐渐上升,从最开始只食用复合维生素补剂和鱼油,到后来食用各种单独的营养补剂,如维生素 A、维生素 C、维生素 E、维生素 D、复合维生素 B、镁和钙的补剂等。当时的我认为营养补剂不含能量,恰好可以补充节食后身体所缺乏的微量营养素。我相信很多人在减脂时都会经历这个盲目依赖营养补剂的阶段,甚至连自己也分不清究竟是把营养补剂当作心理安慰,还是它真的能发挥作用。

所以,我虽然早已知道营养补剂并不能替代天然食物,但还是禁不住它近乎"零能量"的诱惑,觉得食用营养补剂比坚持均衡饮食更方便,于是走了很多年的弯路,才用自己的亲身经历印证了"健康的人只要能正常食用各种天然食物,就无须额外食用营养补剂"的道理。

有大量的研究结果已经证明，天然食物和营养补剂中的维生素有所不同。一是天然食物中的维生素、矿物质、其他营养素和保健成分能相互配合，从而发挥互相促进、互相制约的复杂作用，单独的营养补剂则无法做到；二是因为各种营养补剂在某些情况下会产生副作用，如同时食用维生素 C、维生素 E 和植物多酚的补剂反而会促进人体的氧化，但从天然食物中摄取的营养物质则不会有这样的副作用。

此外，暂无研究结果表明，在保证饮食均衡、健康的前提下，额外食用营养补剂能明显延长寿命或提高运动表现。从这个角度来说，运动人群虽然需要格外注意补充维生素和矿物质，但还是应从日常饮食入手，通过食用天然食物来摄取所需的维生素和矿物质，每天都做到"谷薯豆，肉蛋奶，蔬菜水果加坚果一小把，晒太阳，补足水"即可。不过，虽然这看似简单，但实现它却有一定的难度。真正实用的道理通常都是听起来很简单，实践起来却并不容易。

注意，我并非完全否定营养补剂。你若在体检后被诊断出缺乏某种营养素，则应遵从医嘱，定期服用相关营养补剂；但你若仅是自认为缺乏某种维生素或矿物质，就盲目地长期大量食用某种营养补剂，则应及时止损。

在家庭中

加工含维生素和矿物质食材的

注意事项！

记住大体的通用原则

惧热、易氧化和易溶于水是大部分维生素和矿物质的特点，但由于不同的谷物、肉类和蔬菜中的微量营养素的种类和含量有所不同，这三个特点的重要程度也有所差异。在日常生活中，精确地记住每种含维生素和矿物质的食物的最佳加工方式是一种负担，因此你可以首先记住大体的通用原则：含维生素和矿物质的食物应避免高温油炸、高温炒制和明火烧烤，尽量使用焯、煮、炖、蒸、焖或烤箱烘烤等方式进行烹饪，且烹饪时间不应过长。此外，若咀嚼能力和食欲正常，则不推荐用榨汁机加工含维生素和矿物质的食物。

生活中不必过于纠结

实际上，完美的食物加工方式并不存在。在加工过程中，食物所含的营养肯定会有所流失，但生食所有食物既不现实，又难以吸收其中的营养，所以不必对食物的加工方式过于纠结，使用正常、健康的加工方式烹饪食物即可。一般而言，家庭中对食物的加工方式比市售食品和餐馆的加工方式更加健康。

尽量降低食物中抗营养因子的含量

最好不要食用直接煮熟的整粒大豆，而应将其通过浸泡、去皮、发芽或发酵等方法降低抗营养因子的含量后再食用，例如食用大豆做成的豆浆、豆腐、天贝、纳豆和豆豉等豆制品。

特别提醒

当涉及维生素和矿物质的相关内容时，经常会出现"粗粮（全谷物）的各种营养素含量都高于精制米面"的言论。你应辩证地看待这一言论，不要形成"因认为精制米面对身体有害而只食用粗粮"的错误认知。

粗粮和精制米面不是对立的关系，二者都有存在的必要。虽然粗粮的各种营养素含量总体更高，但更需关注的是每种粗粮具体的营养素含量及其吸收率，每种粗粮所含的膳食纤维和植酸是否会影响身体对其他营养素的吸收，以及个人的肠胃承受能力等。因此，相较于只食用粗粮，粗细结合更好。

关于摄取维生素和矿物质，
减脂新手应该做的和不应该做的

应该做的

让阳光直射裸露的皮肤以补充维生素 D。

在购买蔬菜时，首选深绿色蔬菜。

不要过量食用营养补剂。

食用多种颜色和类型的食物。

素食者应注意补充 B 族维生素、铁、锌和钙，并在同时摄取维生素 C 以促进自身对它们的吸收。

尽量每天食用肉类、蛋类、奶制品、深绿色蔬菜、水果、谷物、豆类、薯类和坚果。

不应该做的

避免用水果代替主食。

避免所食的食物种类过于单一。

避免用营养补剂代替天然食物。

避免食用过多的精加工食物。

避免食用高糖食物，以减少人体内维生素的消耗。

避免突然大量食用某种营养补剂。

避免因蔬菜在加工过程中会流失营养而拒食蔬菜。

香醋烤时蔬

份数：2 份 | 准备时间：8 分钟 | 制作时间：30 分钟

能量 （kcal）	膳食纤维 （g）	蛋白质 （g）	脂肪 （g）	净碳水化合物 （g）
145	4.5	10	3.5	21

　　这道香醋烤时蔬不同于传统的明火烤时蔬，其烹饪时的加热温度低于 200 ℃，不仅能避免油脂因高温加热而产生有害物质，还能防止有害油烟的产生。其中，蔬菜未浸水可减少水溶性维生素的损失；西蓝花富含维生素 C 和抗癌物质，所含的果胶还能增强饱腹感；土豆含有维生素 C 和维生素 B_1，既可代替部分主食，又具有去水肿的功效；紫甘蓝中的花青素具有抗氧化的作用，有助于人在运动后恢复体力；虾仁不仅能为人体提供优质蛋白质，还富含钙；意大利香醋的营养丰富，它所创造的酸性环境能减少 B 族维生素和维生素 C 的损失。总之，这道美食中的维生素和矿物质种类多样，且易于被人体消化，非常适合减脂人群食用。

蔬菜部分		土豆	60 g	五香粉	$^1/_8$ 茶匙
西蓝花（或花椰菜）	100 g	**酱汁部分**		黑胡椒粉	$^1/_8$ 茶匙
紫甘蓝（或圆白菜）	50 g	意大利香醋（或其他香醋）	20 g	海盐	$^1/_2$ 茶匙
胡萝卜	25 g	橄榄油	5 g	**虾仁部分**	
洋葱	100 g	蒜	1 瓣（小）	虾仁	45 g
口蘑	60 g	姜	1 g	料酒	1 茶匙
甜玉米粒	30 g	白醋	8 g	海盐	$^1/_8$ 茶匙
红甜椒	40 g	酱油	5 g	黑胡椒粉	$^1/_{16}$ 茶匙

1. **备菜**：西蓝花沿梗切小块；紫甘蓝、洋葱和红甜椒切为宽 0.5 cm 的细丝；胡萝卜切薄片；口蘑和土豆切小块；蒜和姜压泥。

★ 在以上蔬菜中，胡萝卜和土豆最不易熟，因此将二者切得相对更薄或更小才能保证所有蔬菜被一起烤熟。

★ 切菜的关键：同种蔬菜应切得大小均匀。

2. **调酱汁**：烤架放于烤箱中层，烤箱预热至 195 ℃，烤盘

> **海鲜过敏者**：可用切为小块的香肠或北豆腐代替虾仁，也可直接省略虾仁。若用北豆腐块代替虾仁，将其与蔬菜一起烤制即可。
>
> **需要摄取更多的能量时**：可增加主食量或加入适量坚果。
>
> **需要摄取更少的能量时**：可将主食量减半。

小贴士

1. 可选择冷冻的或罐装的甜玉米粒。
2. 本食谱使用的是浓稠的意大利葡萄甜口陈年香醋。
3. 如果烤制后的蔬菜的甜味较淡，可添加 5 ~ 10 g 蜂蜜或红糖。
4. 本食谱使用的是冷冻熟虾仁（需提前解冻），若使用的虾仁与此不同，则虾仁的烤制时间应根据其大小、生熟、温度和湿度灵活增减。
5. 推荐购买花球紧实、根茎清晰且干净的西蓝花。西蓝花的花球上若有很多小黄点，则说明放置时间较长，虽然可以食用，但其营养价值低于纯绿色、不发黄的西蓝花。
6. 肠胃功能较弱的人可将蔬菜多烤制 10 分钟左右，以确保每种蔬菜都足够软烂。

抹油，备用；在碗里把酱汁部分的所有食材拌匀。

3. **烤蔬菜**：在大盆里把蔬菜部分的所有食材和做好的酱汁拌匀，并将拌匀后的蔬菜均匀地平铺在烤盘上，放入烤箱烤制 20 分钟，直至蔬菜的边缘稍微呈焦黄色。

★ 如果烤盘的容量较小，可将蔬菜分两次烤制，以确保烤盘中的蔬菜不会出现堆叠在一起的情况。

4. **烤虾仁**：烤蔬菜的同时，在小碗里把虾仁部分的所有食材拌匀；蔬菜烤制完成后，将其从烤箱中取出，把虾仁平铺在蔬菜的表层，再烤制 10 分钟。

5. **调味**：尝味后依口味喜好酌情加入适量海盐和意大利香醋（原料用量外）调味，并趁热食用。

★ 若口味偏重，推荐搭配是拉差辣椒酱或番茄酱食用。

减脂课堂

不同人群在减脂时应如何食用蔬菜？

体重超标、肠胃功能正常、需要减重的人：深绿色叶菜的每日食用量应占全部蔬菜每日食用量的50%以上，且至少食用一种暖色蔬菜和一种菌类蔬菜，其余蔬菜可自主选择。推荐选择水分大、营养密度低的瓜类、根茎类和鲜豆类蔬菜。此外，不推荐将蔬菜制成蔬菜汁后食用。

体重超标、肠胃功能较弱、需要减重的人：深绿色叶菜的每日食用量应占全部蔬菜每日食用量的50%以上，且至少食用一种暖色蔬菜和一种菌类蔬菜，但应减少紫黑色蔬菜的食用量，也无须刻意食用根茎类和鲜豆类蔬菜，其余蔬菜可自主选择。此外，同样不推荐将蔬菜制成蔬菜汁后食用，而应将其烹饪至足够软烂后食用。

体重正常、肠胃功能正常、需要保持体重并进行塑形的人：与第一类人基本相同，但无须刻意食用水分大、营养密度低的蔬菜。

体重正常、肠胃功能较弱、需要保持体重并进行塑形的人：与第二类人基本相同。

体重偏低、肠胃功能较弱、需要增重并进行塑形的人：应在有限的蔬菜食用量内提高所食蔬菜的营养含量，因此深绿色叶菜的每日食用量应占全部蔬菜每日食用量的50% ~ 60%，且至少食用一种暖色蔬菜和一种菌类蔬菜，但应减少或避免食用紫黑色蔬菜，同时减少食用水分大、营养密度低的瓜类、根茎类或鲜豆类蔬菜。此外，推荐食用烹饪至软烂的蔬菜，且只有当因胃口较差而导致蔬菜的食用量下降时，才可以把蔬菜制成蔬菜汁后食用。

总之，在减脂时食用的蔬菜不仅要"颜色搭配"，即蔬菜的颜色丰富，以实现多种营养素的相互补充，还要"种类交换"，即每日交换食用同色但不同种类的蔬菜，例如不应因偏爱油菜就只食用油菜，而应每日食用不同的深绿色叶菜。如果你每天都能将"深绿色叶菜 + 橙黄色蔬菜 + 根茎类蔬菜 + 鲜豆类蔬菜 + 菌类或海藻类蔬菜"平均分配至三餐之中，即可基本满足人体从蔬菜中获得营养素的需要。

营养拌饭

份数：4 份｜准备时间：10 分钟｜制作时间：8 分钟

每份				
能量（kcal）	膳食纤维（g）	蛋白质（g）	脂肪（g）	净碳水化合物（g）
254	3.5	26	10	15

注：米饭的用量为自行决定，所以其所含的能量与营养素皆未计入其中。

这道拌饭的营养全面，涵盖了人体每日所需的 5 类食材：谷物、豆类、肉类、蛋类和蔬菜。其中，猪瘦肉搭配米饭、豆芽、鸡蛋和多种蔬菜，可以为人体提供丰富的营养；使用健康的方式进行烹饪，尽可能地减少了食物中维生素 B_1 的损失，可以使肠胃功能较弱的人也能摄取足够的 B 族维生素。这道拌饭既能缓解体力劳动带来的疲劳，也有助于运动后的体能恢复。

肉馅部分

猪瘦肉馅（或牛瘦肉馅）	454 g
蒜	2 瓣（大）
料酒	2 汤匙
酱油	2 汤匙

红甜椒炒鸡蛋部分

鸡蛋	2 枚（大）
料酒	$^1/_2$ 汤匙
糖	$^1/_8$ 茶匙
海盐	$^1/_8$ 茶匙

红甜椒	1 个

配菜部分

胡萝卜	1 根（小）
豆芽	50 g
口蘑	3 颗（大）
菠菜	100 g

酱汁部分

韩式辣酱	40 g
糖	$^1/_2$ 茶匙
海盐	$^1/_8$ 茶匙

白醋	$^1/_8$ 汤匙
蒜末	5 g
清水	适量

其他部分

香葱	1 根
烤白芝麻	适量
香油	少许
米饭	适量

1. **炒肉馅**：先将蒜切片，再以大火加热不粘锅，等锅冒烟后可先以薄油覆盖锅底，也可直接放入蒜片炒香；放入猪瘦肉馅翻炒至其变色，然后倒入料酒和酱油翻炒，关火。

2. **蔬菜焯水**：胡萝卜擦丝；口蘑切片；菠菜切段；将配菜部分的所有食材分别焯水，并沥干水分。

素食者：可用切为块的北豆腐或豆腐干代替猪瘦肉馅。
需要摄取更多的能量时：可在配菜中加入适量土豆和牛油果。
需要摄取更少的能量时：可用土豆代替部分米饭。

1. 在酱汁里加入清水可调节其浓稠度，根据个人喜好决定清水用量即可。
2. 酱汁以酸甜味为主，若口味偏重，可多加入一点儿白醋和糖。
3. 推荐选择配料表中没有食品添加剂、糖、盐和食用油的韩式辣酱，具体口味根据个人喜好选择即可。

3. **红甜椒炒鸡蛋**：先将红甜椒切块，鸡蛋打成蛋液，再在碗里将蛋液、料酒、糖和适量海盐（原料用量外）拌匀；不粘锅热后，先倒入调好的鸡蛋液，再放入红甜椒块翻炒均匀，关火后加入海盐。

4. **调酱汁**：在碗里把酱汁部分的所有食材拌匀。

5. **拌饭**：先将香葱切丝，再把做好的肉馅、配菜和红甜椒炒鸡蛋，以及葱丝和烤白芝麻铺在米饭上，最后撒上酱汁，滴少许香油，拌匀即可。

食材课堂：蔬菜

总体而言，蔬菜的颜色越深，营养价值越高。其中，深绿色叶菜的营养价值最高，是蔬菜中的首选，不仅应保证每日食用，且每日食用量应占蔬菜每日食用量的大部分。常见的深绿色叶菜包括菠菜、苋菜、油菜、茼蒿、韭菜、芥蓝、盖菜、茴香、香菜、雪里蕻、空心菜、木耳菜、薯薯叶、萝卜叶和油麦菜。其余蔬菜的选购优先级别由高至低依次为浅绿色叶菜或绿色非叶菜、黄橙红色蔬菜、紫黑色蔬菜、白色蔬菜。注意，排序在后的蔬菜并非没有营养，而是营养价值相对低于前面的蔬菜。此外，只有维生素 C 的含量与蔬菜的颜色相关性不大，例如辣椒、芥蓝和花椰菜都是维生素 C 含量高的蔬菜。

在日常中，可将蔬菜按营养价值分为两大类：深绿色叶菜和非深绿色叶菜。推荐优先购买深绿色叶菜，使其成为每日所食蔬菜中的"主角"，非深绿色叶菜则作为"配角"。

如果时间紧张或条件有限，应优先保证深绿色叶菜的食用量足够。减脂的常见误区之一就是每日仅以黄瓜、番茄或颜色极浅的生菜叶作为蔬菜来源。

所有蔬菜的外层叶片都比内层叶片更富有营养。虽然人们在日常烹饪时大多偏爱蔬菜的内层叶片，如大白菜菜心和生菜菜心，但其实日照越充分的蔬菜部位的营养价值越高，例如蔬菜外层叶片的维生素 C 含量通常比内层叶片高。

不过，所有蔬菜，尤其是菠菜等绿叶菜，所含的维生素 C 在室温下的损失速度非常快，所以应尽可能购买在冷藏区保存的蔬菜，而避免购买处于高温、日晒下的蔬菜。而且，在购买绿叶菜时，首先推荐选择菜梗粗细适中的品种，因为菜梗过粗会影响口感；其次推荐选择菜叶新鲜、不发蔫、无黄斑或黑斑的品种。此外，菠菜、茼蒿和韭菜等叶片偏薄的蔬菜较易腐烂，因此购买后应优先食用，而油菜、芥蓝和羽衣甘蓝等叶片粗厚的蔬菜的存放时间则相对较长，可稍后食用。

薯泥酱卷饼

份数：1 份 | 准备时间：3 分钟 | 制作时间：1 分钟

每份

能量 （kcal）	膳食纤维 （g）	蛋白质 （g）	脂肪 （g）	净碳水化合物 （g）
456	3	19.1	17.3	50.3

　　这款薯泥酱卷饼适合作为营养早餐，虽然用料简单，但口味丰富，涵盖了谷物、薯类、豆类、肉类、蔬菜和坚果，味道以甜、咸为主。而且，薯泥酱也可以用来抹面包、拌饭或拌燕麦粥。红薯的颜色越红、越深，胡萝卜素的含量越高，而谷物的胡萝卜素和维生素 C 含量相对较低，所以"红薯 + 谷物"的搭配，如"红薯 + 米饭"或"红薯 + 饼"可以起到互补的作用，提高主食的营养价值。此外，这款卷饼的红薯泥用量适中，不会造成肠胃不适。

薯泥酱部分

| 红薯泥 | 50 g |
| 无糖无盐花生酱 | 10 g |

| 酱油 | 1 茶匙 |
| 黑胡椒粉 | $1/16$ 茶匙 |

其他部分

全麦薄饼（参见第 31~32 页）	1 张
香肠（或鸡肉肠）	1 根
生菜	2 ~ 4 片

1. **做薯泥酱**：在小碗里把薯泥酱部分的所有食材拌匀。

2. **组合**：香肠切片；生菜洗净并沥干水分；在全麦薄饼上均匀地涂抹做好的薯泥酱，再铺上生菜和香肠片，把饼卷起来即可。

小贴士

1. 若口味偏甜，可在薯泥酱里加入一点儿蜂蜜。

2. 可以自制、购买或用烙饼代替全麦薄饼。

3. 应选择食品添加剂少的香肠，而且也可以将未切片的香肠直接卷入饼中。

4. 可把卷好的饼用微波炉、煎锅或早餐机加热后再食用。

素食者：可用豆腐干代替香肠。
需要摄取更多的能量时：可增加香肠的用量。
需要摄取更少的能量时：可用熟鸡胸肉代替香肠。

圆白菜肉酱焖饭

份数：4 份 | 准备时间：20 分钟 | 制作时间：40 分钟

能量 （kcal）	膳食纤维 （g）	蛋白质 （g）	脂肪 （g）	净碳水化合物 （g）
313	3	29.1	8.3	38.7

　　这道圆白菜肉酱焖饭的制作方法简单，营养丰富，很适合作为备餐。其中的番茄、番茄膏和柠檬汁都有助于提高人体对牛肉中铁的吸收率，而且焖煮后的圆白菜不会再导致胃肠胀气，对肠胃功能较弱的人非常友好。

牛瘦肉馅	454 g	蒜	3 瓣（中）	海盐	³/₄ 茶匙
洋葱	1 个（中）	酱油	1 汤匙	黑胡椒粉	¹/₂ 茶匙
圆白菜	半颗（中）	番茄膏	170 g	白胡椒粉	¹/₄ 茶匙
番茄	1 个（中）	红糖	1 茶匙	清水（或高汤）	100 g
大米	50 g	苹果醋（或白醋）	2 茶匙	柠檬块	适量

1. **备菜**：提前 20 分钟将大米泡入适量清水中；洋葱切丝；圆白菜和番茄切大块；蒜切片。

★ 提前泡米可让米饭熟得更均匀，防止出现夹生的情况。

2. **制作肉酱**：不粘锅热后，先将牛瘦肉馅煎至变色，再放入海盐、白胡椒粉、黑胡椒粉、洋葱丝和蒜片翻炒均匀，直至洋葱丝变软；番茄膏用 100 g 清水稀释后，倒入锅里拌匀。

★ 好吃的关键：将牛瘦肉馅煎至焦黄且水分完全消失。

3. **焖饭**：把剩余的所有食材（柠檬块除外）放入锅里拌匀，再加入适量清水（原料用量外）至能隐约看到汤汁；汤汁煮开后，盖上锅盖，转小火焖 30 分钟左右，使大米焖熟即可。

★ 最初无须加入过多清水，因为被加热后的圆白菜会渗出水分。

★ 焖饭过程中应随时检查水量是否合适，并偶尔翻动食材使其受热均匀。

> 需要摄取更多的能量时：可增加米饭量、加入适量土豆丁同煮或在出锅时放入适量奶酪丝。
> 不建议摄取更少的能量。

小贴士

1. 可在大米中混入少量藜麦或胚芽米。若混入胚芽米，则焖饭时间需延长 15 分钟左右。
2. 如果使用的是多汁的番茄，则应减少加水量。
3. 制作好的肉酱不仅可用来做焖饭，还可用来做焖面。

4. 调味：出锅，尝味后依口味喜好酌情加入适量海盐或酱油（原料用量外）调味，再挤上柠檬汁即可。

食材课堂：水果

水果中的矿物质

常见水果的矿物质含量见表 5-1。

表 5-1　常见水果的矿物质含量　　　　　　　单位：mg/100 g

水果名称	钾	钠	镁	铁	钙	水果名称	钾	钠	镁	铁	钙
苹果	83	1	7	0.3	8	香蕉	256	1	43	0.4	7
山楂	299	5	19	0.9	52	李子	144	3.8	10	0.6	8
梨	77	2	5	0.9	4	杏	226	2.3	11	0.6	14
桃	100	2	8	0.4	10	樱桃	232	8	12	0.4	11
葡萄	126	2	4	0.1	8	番石榴	235	3.3	10	0.2	13
猕猴桃	100	2	8	0.4	10	柠檬	209	1.1	37	0.8	101
鲜枣	375	1	25	1.2	22	西瓜	87	3.2	8	0.3	8
桂圆	248	4	10	0.2	6	椰子	475	55.6	65	1.8	2
草莓	131	4	12	1.8	18	木瓜	18	28	9	0.2	17
橙子	159	1	14	0.4	20	荔枝	151	1.7	12	0.4	2
柚子	119	3	4	0.3	4	菠萝	113	0.8	8	0.6	12
杧果	138	3	14	0.2	微量	无花果	212	5.5	17	0.1	67

表格说明：

· 钾含量较高的常见水果：椰子、鲜枣和山楂。

- 钠含量较高的常见水果：椰子、木瓜和无花果。

- 镁含量较高的常见水果：椰子、香蕉和柠檬。

- 铁含量较高的常见水果：椰子、草莓和鲜枣。

- 钙含量较高的常见水果：柠檬、无花果和山楂。

食用建议

◇ 在日常中很常见的苹果、梨和桃的矿物质含量相对偏低，营养密度也较小，因此更推荐食用其他营养密度大的水果。

◇ 水果干的钾、铁和钙等矿物质的含量会大幅提高，但能量也会增加，因此水果干虽然是健康零食，但仍需控制食用量。

◇ 与多种食物横向对比后，常见水果的矿物质含量其实都不算高，例如椰子是钾含量最高的常见水果，但与紫菜（1 796 mg/100 g）、黄豆（1 503 mg/100 g）、香菇（1 155 mg/100 g）和赤小豆（860 mg/100 g）的钾含量相比，椰子的钾含量就相对较低了。因此，建议在日常饮食中将水果与各类食物搭配食用，并掌握合适的配比，这样既能增加食物的风味，又能丰富口感。

水果中的维生素

常见水果的维生素 C 和胡萝卜素含量见表 5-2。

表 5-2　常见水果的维生素 C 和胡萝卜素含量　　　单位：mg/100 g

名称	维生素 C	胡萝卜素
苹果	4	0.20
山楂	53	0.10
草莓	47	0.03
桂圆	43	—
猕猴桃	62	0.13
鲜枣	243	0.24
蜜橘	19	1.66
杧果	41	8.97
菠萝	18	0.20
梨	4	0.03
玫瑰香葡萄	4	0.02
木瓜	43	8.7
沙棘	204	38.4
刺梨	2 585	29

表格说明：

·维生素 C 含量较高的常见水果：鲜枣、猕猴桃、山楂、草莓、桂圆和木瓜。

·表中的沙棘和刺梨并不常见，但由于二者的维生素 C 和胡萝卜素的含量都很突出，所以将其加入表中，了解即可。

·黄色水果和橙色水果的胡萝卜素含量一般较高，除表中的杧果、木瓜和蜜橘外，还有柿子、杏和黄桃。

食用建议

◇ 水果的不同部位的维生素 C 含量有所差异，例如苹果皮附近的果肉维生素 C 含量相对更高，因此肠胃功能正常的人可以食用带皮的苹果（推荐有机苹果）。

◇ 推荐女性将富含维生素 C 的食物搭配红肉同食，例如在正餐中加入少量富含维生素 C 的水果，因为这样不仅能促进人体对铁的吸收，还有助于补血。

◇ 日常中很常见的苹果和梨的维生素 C 含量并不高，因此应注意提高所食水果的多样性，以补充足量的维生素 C。

◇ 植物性来源的胡萝卜素在肠道中的消化率较低，约为维生素 A 的消化率的 1/6 及以下。并且，维生素 A 在小肠内的吸收是主动吸收，不同于胡萝卜素在人体内的吸收过程，人体对它的吸收速度比胡萝卜素快 7 ~ 30 倍。不过，脂肪可以提高胡萝卜素的消化率与吸收率，所以水果可搭配坚果、全脂牛奶、酸奶或奶酪食用，这样不仅有助于提高人体对胡萝卜素的消化率与吸收率，还有利于增强饱腹感。此外，平时使用电脑或手机时间较长的人更应注意补充维生素 A 和胡萝卜素。

◇ 在运动一段时间后，如果出现眼睛畏光、皮肤干燥、毛囊周角化病、湿疹和免疫力下降的症状，应检查日常饮食中是否缺乏含脂肪和维生素 A 的食物（如蛋类、奶制品或动物内脏）、暖色蔬菜和表 5-2 中的水果。

彩虹糙米沙拉

份数：2 份 | 准备时间：10 分钟 | 制作时间：8 分钟

能量 （kcal）	膳食纤维 （g）	蛋白质 （g）	脂肪 （g）	净碳水化合物 （g）
307	5	9.7	9	52

　　热糙米饭是这道沙拉的亮点所在，它可使沙拉更易于消化，还能带来与冷食沙拉不同的味道与口感。这道沙拉的味道以甜、咸为主，以醋香、蒜香和花生香的混合香气为辅，口感集软、糯、滑和脆为一体。在烹饪时，应先调酱汁，后切生食的蔬菜，以减少蔬菜中维生素的流失。建议肠胃功能较弱的人把所有食材加热（焯水或煎熟）后先少量食用，待逐渐适应后，再增加食用量。不习惯食用糙米或肠胃功能较弱的人可先尝试食用胚芽米，因为胚芽米的口感介于糙米和大米之间，相较于糙米更易让人接受，且营养较为均衡。

备料部分		生菜	20 g	酱油	2$^1/_2$ 茶匙
糙米饭	136 g	紫甘蓝	30 g	蒜	1 瓣（大）
熟红芸豆	20 g	酱汁部分		姜末	少许
熟甜玉米粒	45 g	香蕉	1 根	香油	$^1/_8$ 茶匙
圣女果	5 个	花生酱	32 g	黑胡椒粉	$^1/_4$ 茶匙
胡萝卜	30 g	白醋	1$^1/_2$ 茶匙	海盐	$^1/_2$ 茶匙

1. **调酱汁**：先将香蕉去皮，并将其与蒜分别压成泥，再在碗里将酱汁部分的所有食材拌匀。

2. **组合**：圣女果对半切开；胡萝卜擦丝；生菜和紫甘蓝切细丝；把备料部分的所有食材放入大碗里，拌上酱汁即可。

★ 建议根据个人口味决定酱汁的用量。

小贴士

1. 推荐使用常见的中粒糙米制作糙米饭，也可用高粱、燕麦米或短圆粒的意大利面代替部分糙米。
2. 肠胃易胀气的人可省略紫甘蓝。

需要摄取更多的能量时：可加入适量熟土豆丁。
需要摄取更少的能量时：可少放酱汁。

减脂课堂

为什么沙拉成为了健康减脂餐的代名词？

由于西方的家常菜大多为烤箱菜，没有蒸制和清炒等适合绿叶菜的烹饪方式，且西方人习惯食用冷食，所以沙拉经常在西式减脂餐中出现；同时，国内时尚的轻食餐厅对减脂界流行多年的低碳饮食法进行包装后，大力宣传沙拉对人体的益处，因此，沙拉俨然已成为了健康减脂餐的代名词。

前文提到，健身的概念是西方的"舶来品"，而人们总是对新事物具有好奇的心理，并习惯于不停地寻找新事物来解决一直难以解决的问题，所以在发现西方的健身餐中常有沙拉时，就自然而然地在脑海中将其与减脂联系起来。实际上，当下的"沙拉"已经更像是一种被包装后的营销概念，人们前往某些轻食餐厅食用沙拉，追求的更多是一种健康减脂的"氛围"。食用沙拉不一定能使人减脂，但能让人产生"我很健康"和"我正在变瘦"的良好感觉。其实，从营养学的角度来看，多种沙拉都存在着脂肪过多、蛋白质和碳水化合物过少、难以消化和营养吸收率较低的问题。这并不意味着沙拉不健康，而是指并非所有看起来很"健康"的沙拉在食用之后都有助于实现健康减脂。因此，应辩证地看待沙拉，不要被其营销所误导。

健康减脂所注重的不是花哨的形式，因为真正有效的减脂食材或减脂方法反而看似普通，并且也许很早就已经流传民间。虽然现在已经是 21 世纪，但很多关于营养餐的实验仍在耗费大量的人力和财力去印证一些早已存在的真理。例如，一顿看似简单的家常菜，包括一碗撒上烤花生仁的杂粮饭、一盘豆腐炒深绿色蔬菜、一碟酱牛肉、一盘黄瓜拌金枪鱼和一枚水煮蛋，再加一小块奶酪焗红薯和几块水果，虽然看起来并不精致，但营养均衡，非常符合"谷薯豆，肉蛋奶，蔬菜水果加坚果一小把，晒太阳，补足水"的微量营养素的摄取原则。因此，每个人都应思考一下自己所食用的究竟是真正对身体有益且适合自己的食物，还是被包装后的空有"减脂光环"的食物。